이 PD의 좌충우돌

4천만 원으로 11평 시골집 짓기

4천만원으로
11평 시골집 짓기

이상철 지음

북마크

머리말

—

    고향 시골에 집을 지은 지 1년여가 지났다. 작은 집이 생기자 고향은 조용한 쉼터가 되었다. 부산스럽게 잠시 다녀올 때는 볼 수 없었던 사계절 풍경이 오롯이 드러났다. 봄, 여름, 가을, 겨울이 보여주는 멋진 순간을 보았고, 고요함 속에서 들려오는 바람 소리, 풀벌레 소리, 새 소리를 들었다. 코끝은 간지럽히는 풀 내음, 물 내음, 숲속 향기를 맡을 수 있었다. 자연의 한가운데로 들어간 듯했고 부모님의 품속에 안긴 듯했다. 포근했다.

    혼자여도 외롭지 않았다. 잡초를 뽑고 있으면 잡념도 사라졌다. 작아도 집은 집인지라 시골집은 사람들을 불러들였다. 가족에게는 별장이 되었고 친구에게는 캠핑장이 되었다. 오랜만에 고향을 찾은 친척들도 좋아하셨고 가족의 정을 나눌 수 있었다.

    되돌아보면 1960년대 중반에 태어난 베이비 부머 세대의 일원으로 참 열심히 산 것 같다. 한 반에 80여 명 하던 콩나물 교실에서 오전 오후 2부제 수업을 받으며 학교를 다니기 시작했고, 매캐한 최루탄 연기 가득한 캠퍼스에서 청춘의 대학 시절을 보냈었다. 그때는 대학만 나오면 취직은 되던 때가 아니었냐고 한다면 할 말은 없지만, IMF 직격탄으로 평생 직장이란 개념이 사라진 것도 우리 때였다. 그래서 여러 직장을 옮겨 다니며 살았다. 평생 PD일 줄 알았는데 사는 게 서툴러서 그러지 못했다. 그래도 관운은 있었는지 몇 개 부처에서 공무원으로 근무했고, 덕분에 현대사의 굵직굵직한 정책과 사건의 현장에 있었으니 세상 구경은 한번 요란하게 한 셈이다.

'이제는 좀 쉬고 싶다' 그런 마음이었다. 50대 중반에 직장을 그만두었을 때 몇 년은 더 일할 수 있는데 하는 아쉬움도 있었지만 조용한 전원생활이 그리웠다. 모아둔 돈도 별로 없었지만 고맙게도 상경 1.5세대인 내게는 고향에 물려받은 집터와 약간의 전답이 있었다. 매년 산소 벌초를 위해 먼 길을 오가야 했기에 앞으로 조상님 터전은 어떻게 관리해야 하나 하는 고민도 있었다. 겸사겸사 시골에 집 한 채 있으면 좋겠다고 생각했다. 그러던 차에 목수아카데미를 다니게 되었고 거기서 배운 기술로 직접 집을 지었다.

일반인에게 건설건축 분야는 생소하다. 집을 짓기 위해서는 어쩔 수 없이 건축가나 전문 건설 업체에 의존해야 한다. 적당한 가격에 좋은 집을 갖는 것이 어쩌면 어떤 건축가를 만나느냐에 달렸다고나 할까. 다행히 좋은 사람들을 만나면 좋겠지만 그렇지 못한 경우에는 "집 짓고 10년 늙었다"는 말도 한다. 해당 관청에서 건축 허가를 받아놓고도 건설 도중에 그만두는 경우도 있을 정도다. 그래서 은퇴 후 안락한 전원 생활을 꿈꾸면서도 쉽게 집짓기에 나서지 못하는 것 같다.

나도 마찬가지였다. 아무것도 모르는 백지 상태에서 시작해 좌충우돌 시행착오를 겪으며 측량에서부터 준공까지 한 단계씩 집을 완성해갔다. 그 과정이 쉽지는 않았지만 내가 직접 설계하고 지은 집은 우리 가족에게 큰 기쁨을 주었다. 그런데 주위 사람들 중에 의외로 건축업자를 잘못 만나서 고생했다는 사람들이 많다는 걸 알게 되었다. 그래서 그런 피해를 입지 않도록 사람들에게 내가 집 지으며 겪은 경험을 알려드리면 좋겠다는 생각이 들었다.

모든 주택의 건설 건축 과정은 동일하다. 철근 콘크리트 주택이나 시멘트 벽돌 주택이나 샌드위치 패널 주택 등도 건축 허가에서부터 준공까지 같은 과정을 거친다. 건축 소재에 따라 시공 방법과 비용의 차이가 있을 뿐이다. 따라서 군이 목조주택을 직접 짓지 않더라도 전체 건설 과정을 알게 된다면 건축 순서 결정이나 비용 산출 등에 도움이 될 것이고, 건축가와 상담할 때도 보다 주도적으로 할 수 있을 것이다.

그래서 집 지은 경험을 책으로 내려고 했는데 출판도 쉬운 과정은 아니었다. 세계에서 가장 많이 팔린 소설인 '해리 포터'도 12개 출판사에서 출간을 거절당했다고 하니, 얼마나 많은 출판사로부터 거절의 메시지를 받았겠는가. 그런 중에 도서출판 북마크 정기국 대표의 안목과 믿음 덕분에 이 책은 빛을 보게 되었다. 부족한 글을 멋진 책으로 엮어주신 관계자 여러분들의 노고에 감사드린다.

30년 넘게 써온 일기를 뒤적이며 기억을 되짚어가면서 쓴 이 기록이 이제 조용한 전원생활을 꿈꾸는 분들에게 조금이라도 도움이 되길 바란다.

2024년 봄 기도재(其道齋)에서

CONTENTS

——

5. 자! 이제 마감 들어갑니다

6. 자꾸 떠오르는 정화조! 어쩌란 말인가요

1

맨땅에 헤딩하는
기분으로 집 짓기 시작

첫 시작은 은행 대출

—

집을 짓기로 결심했다. 오랜 망설임과 궁리의 터널을 이제 벗어나기로 한 것이다. 여러 가지 비용을 산출해보았지만 정확하지는 않을 터다. 원래 예상했던 것보다 두 배는 더 들어갈 거라는 얘기도 들었다. 그래서 건축비용이 어디까지 들어갈지도 모른 채 백척간두에서 한 발짝 더 나아간다는, 허공을 밟는 기분으로 일을 저지르기로 했다.

맨 처음 향한 곳은 은행이었다. 직장 생활 30여 년에 수중에 쥐어진 돈은 없었다. 오히려 그 잘난 아파트 한 채 덕분에 통장엔 빚만 남은 상태. 나는 시골의 물려받은 땅을 담보로 돈을 빌리기로 했다. 봄볕이 완연한 3월 어느 날 600평 밭이 소재한 경상북도 의성군의 농협은행을 방문했다. 농지를 담보로 돈을 빌리러 왔다니까 은행 직원은 친절히 맞아주었다. 얼마가 필요하냐고 묻기에 고향 집터에 집 지을 돈 3천만 원이 필요하다고 했다.

대출 절차는 먼저 은행이 나의 신용도를 평가하는 작업부터 시작된다. 지긋지긋한 평가! 지난 30여 년, 아니 어쩌면 태어나던 순간부터 받던 그

평가들… 비교평가, 성적평가, 근무평가, 성과평가 심지어 다면평가… 이제 퇴직하고 고향에 집 짓고 조용히 살려고 하는데 또 평가라니…. 한숨이 나왔다. 나는 성적표를 기다리는 학생처럼 다소곳이 은행원의 자판 두드리는 손놀림을 바라보았다. 은행원은 어떻게 알았는지 "지금 퇴직하셨어요?" 하고 물었다. 나는 얼마 전 공무원을 마치고 지금은 프리랜서로 방송일을 하는 처지라 소속된 곳은 없는 상태다. 오그라드는 소리로 그렇다고 했다. 은행원은 한층 더 힘들어 간 소리로 한참 자판을 두드리더니 나에게 돈을 빌려줘도 떼먹지 않겠다는 평가를 한 모양이었다. 나는 안도의 한숨을 내쉬었다. 아~ 평가 없는 세상에서 살고 싶다.

이후 절차는 담보되는 부동산의 가치를 평가하고, 그 땅에 근저당을 설정해 부동산 가치 범위 내에서 대출을 해준다. 나는 대출 신청서와 각종 정보 확인 동의서를 써주고 은행을 나왔다.

정확히 일주일 후 은행에서 연락이 왔다. 결국 변동금리 3.63%에 3천만 원을 대출받았다. 물론 그때는 몰랐다, 연말에 금리가 폭등할 줄은. 고정금리로 받는 것이 훨씬 더 좋았을 것을….

4.11(월)
경계복원측량

───

    건축의 첫 순서는 측량이다. 집을 짓기 전에 내가 지을 땅의 구획이 어디까지인가 정확히 해두어야 한다. 그래서 건축허가 전에 반드시 경계복원측량을 하게 되어 있다. 측량은 옛날 이름이 지적공사였던 한국국토정보공사에서 해준다. 한 달 전인 3월 11일에 전화로 측량신청을 했었는데 오늘에야 직원들이 나와 내가 집 지을 터를 측량하고 땅 모양의 코너마다 빨간 말뚝을 박았다.

    시골에서도 땅과 땅 사이의 경계 구분은 명확하다. 다만 오랫동안 관습적으로 사용되던 논둑, 밭둑이나 도랑 그리고 집과 집 사이의 담이 도면상의 경계와 다른 경우가 있어서 분쟁을 낳기도 한다. 내 경우도 측량하기 전에 포털의 지도 서비스로 확인해보니 앞집 지붕이 우리 집터 위로 한참 넘어온 것을 확인할 수 있었다. 그래서 혹시나 앞집과 불편한 일이 발생할지도 몰라 앞집에 측량한다고 미리 알려주고 함께 작업을 지켜보았다.

    옛날 지적공사 직원들의 위세가 얼마나 대단하였는지 전설 같은 이야기가 전해진다. 예전엔 지적공사 직원이 현장에 나와 측량을 하고 지도에 연필로 선을 그었는데, 그 연필 폭이 실제 땅의 30cm에 해당이 됐다고 했다. 그래서 경계선의 30cm 땅이 이쪽 집 땅이 될 수도 있고 저쪽 집 땅이 될 수도 있었다고 한다. 그런 까닭에 측량하는 날이면 집마다 측량기사에게 융숭하게 대접했다는 이야기도 있다. 물론 사실인지 아닌지는 알 수 없는 전설 같은 이야기이다.

한국국토정보공사 직원들은 폐가 된다며 음료수 하나도 받지 않았다. 그리고 앞집 지붕은 우리 집터를 넘어오지 않았다. 포털의 지도 서비스에 보이는 위성사진 경계 표시에 오차가 있었던 것이다. 다행히 앞집과는 아무런 문제 없이 빨간 말뚝 안쪽으로 어디든 집을 지을 수 있게 되었다.

〈300평 집터 경계복원측량 비용 : 607,200원〉
집을 지을 때 가장 먼저 해야 할 일이 경계복원측량이다. 측량은 경계 측량과 분할 측량 등이 있고 한국국토정보공사의 해당 지역 지사에서 한다. 그런데 어느 지역이든 측량이 밀려있기 때문에 신청 후 약 한 달 정도 후에야 현장 측량이 이뤄진다. 그렇기 때문에 집 짓겠다고 하면 가장 먼저 그 땅의 경계복원측량을 국토정보공사에 신청하라고 할 것이다. 나도 3월 11일에 전화로 측량신청을 했더니 한 달 뒤인 4월 11일에 현장 측량을 나왔다.

건축 신고 및 상수도 신청

지난 3월 11일, 군청 앞에 있는 한 건축사사무실에 건축 서류 대행을 맡겼다. 애초에 나는 귀어귀촌종합센터 홈페이지에 올라 있는 농어촌주택 표준설계도를 참조해서 군청에 서류 신고 등을 직접 하려고 했다. 그런데 내 말을 들은 군청 담당 공무원은 고개를 절레절레 흔들었다. 필요한 서류나 도면이 전문적인 거라서 일반인이 할 수 없다며 군청 앞에 즐비한 건축사무소에 가서 건축 설계나 신고 등 업무를 의뢰하라고 했다. 나는 30년간 공문 작업을 해온 사람인데 못할 게 뭐 있겠냐고 생각했지만, 현실적으로 건축은 전문 분야라서 대행이 필요했다. 건축 대행 비용은 보통 400만 원 이상이다. 그런데 나는 얼마 전 친척 집 건축을 대행했던 건축사를 소개받아 저렴하게 250만 원에 맡길 수 있었다.

건축사에게 업무 대행을 맡기니 건축 전체 과정에 관해 상세하게 설명해주었다. 건축은 보통, ① 도면을 그려 건축 인허가 받는데 한 달, ② 공사 기간 두 달, ③ 현장 조사 및 정리 1주일, ④ 사용승인(준공) 1주일 등석 달 반 정도 걸린다고 했다. 그리고 무엇보다 측량신청을 빨리해야 한다고 알려주어서 전화로 국토정보공사에 바로 신청할 수 있었다. 건축사는 도면 작성 전, 공사 중, 그리고 준공 신청 전 등 모두 3번 현장을 방문해 확인할 것이라고 했다. 내가 공사는 업체에 맡기지 않고 직접 지을 거라고 하니 건축사는 별로 믿음이 가지 않는 눈빛으로 웃으며 그걸 직영공사라고 했다. 건축사는 그럼 우선 6평 농막 규모로 건축 신고를 해놓을 테니 나보고 마음대로 짓고 나서 준공 신청할 때 설계변경을 하는 게 좋겠다고 했다. 설계변경은 3번까지 비용추가 없이 해주겠다고 했다.

건축사에게 의뢰하니 좋았다. 우선 궁금한 것이 있을 때 바로 물어볼 곳이 생겼고 군청에 직접 들어가지 않아도 되니 좋았다. 그런데 건축사 입장에서 보면 하루 종일 의뢰인들 상담 전화를 받는 일이 얼마나 힘들겠는가. 그래서 나는 궁금한 것들을 모았다가 한꺼번에 물어보았다. 실제로 행정 절차는 물론 벽체 두께, 단열재 성능, 정화조 등 지역별 기준이 다른 것들이 있어서 그 지역 건축사에게 확인해야 할 것들이 많이 있다. 나는 궁금한 것들을 모아서 2차례 정도 심도 있게 상담받는 것으로 궁금증을 해소했다.

건축사에게 설계 대행을 의뢰한 뒤 한 달쯤 뒤인 4월 8일 건축허가가 났다며 대금을 가지고 오라는 연락을 받았다. 나는 열흘 뒤인 4월 18일에 건축사 사무실로 가서 건축신고 수리(건축허가서) 공문과 도면을 받았다. 건축사는 내게 대금 250만 원을 달라고 했는데 나는 준공 허가가 나고 돈을 주는 게 맞지 않겠냐고 하니, 건축허가를 받고도 중간에 여러 가지 이유로 건축을 그만두는 경우도 많기 때문에 건축 허가가 나면 돈을 받는 게 업계의 관행이라고 했다. 건축허가를 받고도 건물을 짓다가 중간에 그만두는 경우도 있다고 하니 집 짓는 과정에 많은 일이 있나 보다 하는 생각이 들었다. 나는 그럼 나중에 준공 신청해줄 것을 믿어도 되느냐고 물었다. 건축사는 웃으며 군청 앞에 사무실도 있고 업계에 신용이 있으니까 믿고 걱정하지 말라고 했다. 나는 그 업계의 신용을 믿는 수밖에 없었다.

　건축신고 수리 공문을 가지고 제일 먼저 찾은 곳은 의성군 상하수도사업소였다. 담당자를 만나 건축허가서를 보여주며 상수도 신청을 했다. 담당 주무관은 포털 지도로 현장을 보며 현재 상수도가 들어가 있는 곳에서 내가 집 지을 곳까지 거리를 재보더니 수도관을 약 40m 새로 놓아야 한다고 말했다. 비용은 10m당 100만 원 정도 잡아서 약 400만 원 정도 들 거라고 했다. 수도관 설치는 약 2주 정도 걸리고 정확한 비용은 1주일 후에 연락해준다고 했다. 수도 설치비용이 만만치 않아 깜짝 놀랐다.

〈건축사 대행 비용 : 2,500,000원〉

건축은 군청에 도면과 건축신고서 접수 – 군청 관련 부서 현장 확인 – 건축허가(건축신고 수리) – 착공 및 완공 – 현장 확인 및 설계변경 – 구비서류 완비 후 준공(사용승인) 신청 순서로 진행된다. 건축사는 그 과정에서 도면 작성과 건축신고, 현장 확인 및 설계변경, 사용승인 신청을 대행한다. 또한 건축할 때 꼭 지켜야 하는 건축기준(벽체 두께 200mm 이상, 단열재 기준, 정화조 등 지자체마다 조금씩 다르다고 한다)을 알려줘서 준공에 이상이 없도록 했다.

〈상수도 신청 비용 : 3,530,000원〉

상수도 설치는 각 지자체 상하수도사업소에 신청하며 건축허가가 나야 할 수 있다. 건축허가서(건축신고 수리) 공문을 가지고 가면 위성지도를 보고 현재 상수도가 설치되어 있는 곳에서 수도를 놓아야 하는 곳까지 거리를 재보고 대략의 비용을 산출해주는데 보통 10m에 100만 원이 든다고 한다.

〈농어촌표준주택 설계도〉

귀어귀촌종합센터 홈페이지에 다양한 형태의 농어촌표준주택 설계자료가 공개되어 있다. 약 20개의 표준주택 설계도가 소개되어 있는데 나도 그중 하나를 설계할 때 참고했다. 설계자료는 홈페이지 소통마당—공지사항에서 열람용과 인허가용을 다운받을 수 있다. 다만 내 경험으로는 인허가용 설계자료를 다운받는다 하더라도 군청에서 건축허가를 받기 위해서는 건축사의 도움이 필요했다.

농막과 주택의 차이

―

　상수도 신청 일주일 후, 상하수도사업소 담당 주무관과 공사 관계자들이 현장에 왔다. 수도 계량기를 어디에 설치할지 함께 집터를 둘러보았는데, 나는 비용 절감을 위해 현재 배관이 들어와 있는 곳에서 최대한 가까운 곳에 계량기를 설치해달라고 했다. 바퀴 달린 자로 실측해보니 30m 조금 넘었다. 그곳에 15mm 관을 묻기로 했는데 이후 상하수도사업소에서 공사비용 353만 원을 청구했다. 배관은 마을 길을 따라 집터까지 놓였는데 다행스럽게도 다른 분 소유의 땅을 거치지 않아도 되었다. 수도나 하수도 배관을 묻을 때 다른 분 소유의 땅 밑을 지나야 할 경우, 그 땅 주인의 공사동의서를 받아야 한다. 상황에 따라서는 그게 무척 힘들다고 한다. 아주 짧은 구간이라도 남의 땅이 있는 경우 동의서 없이는 공사를 하지 못한다. 땅 주인 입장에선 내 땅 밑으로 남의 집 배관이 지나는 일이 그리 흔쾌한 일은 아닐 것이다. 집 짓는 과정에 여러 가지 돌발 변수가 생길 수 있다. 그때마다 능수능란하게 대처해야 한다.

　나는 고향에 집터와 논밭과 선산을 물려받았다. 4대 종손인 내가 살펴야 할 조상의 분묘는 고조부모, 증조부모, 조부모, 부모님까지 모두 8기가 있다. 집터는 300평으로 조상님들이 대대로 사셨고 또 내가 태어난 곳이다. 예전엔 예쁜 초가집이 있었는데 1990년대 초에 허물고 이후 밭으로 사용하던 나대지 상태였다. 나에게는 고향에 조그만 거처가 필요했다. 그곳에 가끔 머물며 조상님의 산소도 돌보고 조금 있는 논밭도 가꾸면서 퇴직 후 인생 2막을 평화롭게 살기를 원했다. 처음에는 고향에 6평 농막을 짓고자 했다. 가진 돈도 별로 없고 지금 소유한 세종시에 있는 아파트와 1가구 2주택이 되는 것도 부담스러웠기 때문이다. 요즘 방송에서 보면 공장에서 지어 배달하는 농막이 얼마나 훌륭한가. 나는 그 정도면 충분하다고 생각했다.

그래서 군청에 농막 설치에 대해 문의하러 갔었는데 담당자는 듣자마자 지목이 대지인 경우에는 농막을 지을 수 없고 주택만 지을 수 있다고 했다. 농막은 오직 농사를 짓는 전답에 잠시 쉴 목적으로 설치하는 공간이지 주거용은 절대 아니라는 것이다. 요즘 농막이란 이름으로 무척 화려하게 주거 공간을 꾸미고 있는데 언젠가는 단속될 것이라고도 했다. 주거 공간이 아니기에 농막에는 상수도를 놓을 수 없고 주택용 전기도 이용할 수 없다. 전기는 농사용 전기를 끌어 쓰면 되겠지만 물을 이용하자면 지하수를 파야 한다. 알아보니 농업용 용수를 사용하기 위한 깊이로 땅을 파는 비용은 300만 ~ 400만 원 정도 들고, 식수로 사용할 정도로 깊게 지하수를 파는 비용은 700만 원 정도 든다고 했다. 그렇게 식수를 개발해도 몇 년 후에는 오염될 위험까지 감수해야 한다.

농막에 정화조 설치하는 것도 지자체마다 허가 기준이 다르다. 상수원이 인접한 지자체에서는 정화조 설치가 엄격하게 제한되고 있어서 농막을 설치할 때는 정화조 허용 여부를 미리 확인해봐야 한다.

궁리 중에 마을에서 300m 정도 떨어져 있는 논밭에 농막을 짓거나 그 땅 중에 일부를 전답에서 대지로 지목변경해서 그곳에 집을 지을까 하는 생각도 했었다. 마을에 있는 대지보다 그곳이 더 한적하고 경치도 좋을 것 같았다. 그런데 그곳은 너무 외진 곳이라 야간 출입 때 위험하고 도로 포장이나 상수도 놓는 비용까지 따져보니 너무 엄청나서 결국 조상님들의 터전인 예전 집터에 집을 짓기로 결정했다.

주택을 짓기로 한 뒤 집의 크기는 점점 커졌다. 농막은 6평 제한이 있지만 주택은 크기 제한이 없다. 그래도 나는 애초에 농막을 생각했었기에 건평을 크게 키우지는 않았는데 6평에서 7평, 9평까지 늘더니 결국 최종에는 11평까지 커지게 되었다. 1가구 2주택 중과세나 기존 아파트 매매 때 양도세 해당 여부에 대해 심각하게 고려하지 않을 수 없었다.

그래서 확인해봤더니 농어촌주택 관련 조세특례는 농어촌지역 인구감소에 따라 계속 완화되는 추세였다. 2024년 1월 현재 기준으로 보자면, 경기도를 제외한 읍면지역 즉 시골에 주택과 토지 합산 기준시가 3억 원 미만의 농어촌주택을 취득하여 3년 이상 보유하면 기존 아파트를 매매할 때 1가구 1주택 비과세 판정에 영향을 주지 않는다.

종합부동산세는 기존 주택과 농어촌주택의 공시가격 합계액이 1인 9억 원(1세대 1주택자 12억 원)에 못 미칠 때는 해당하지 않는다. 또한 종부세는 누진세이기 때문에 초과하는 가액의 크기에 따라 적용되는 세금 비율이 달라지는 점을 참고할 필요가 있다.

〈농어촌주택(조세특례제한법99조의4)〉 (시행 2024. 1. 1.)

1세대가 2003. 8. 1.~2025. 12. 31.까지의 기간 중 1개의 농어촌주택을 취득하여 3년 이상 보유하고 그 농어촌주택을 취득하기 전에 보유하던 일반주택을 양도하는 경우에는 1세대 1주택 비과세 판정시 당해 농어촌 주택을 주택수에 포함하지 않는다.

농어촌 주택요건

1) 지역기준

취득 당시 다음 각 목의 1에 해당하는 지역을 제외한 지역으로서 읍, 면 또는 대통령령으로 정하는 동에 소재할 것

(1) 수도권지역(서울, 경기 일원, 인천). 다만, 접경지역 중 부동산가격동향 등을 고려하여 대통령령으로 정하는 지역은 제외

(2) 국토교통부장관(시, 도지사)이 지정하는 도시지역 및 토지거래허가구역

(3) 기획재정부장관이 지정한 지정지역(투기지역), 조정대상지역(2021. 1. 1. 이후 취득 분부터 적용)

(4) 문화부장관이 지정한 관광진흥법 제2조의 관광단지

2) 규모기준(일반주택 양도일 기준)-2021년 이후 양도분부터 폐지

(1) 대지면적 660㎡(200평)이내

3) 가액기준

주택 및 이에 딸린 토지의 기준시가 합계액이 해당 주택의 취득 당시 3억 원(한옥은 4억 원)을 초과하지 아니할 것

4) 타 지역기준

일반주택이 소재한 읍, 면지역(또는 연접 읍, 면지역)이 아닌 곳에 농어촌주택을 취득할 것

4.30(토)

기초공사

—

    대출받은 지 한 달여가 흘렀다. 우선 통장에 돈이 두둑이 있으니 배가 불렀다. 하지만 이제 곧 곶감 빼먹듯이 통장 잔고도 빠질 터였다. 그동안 많은 일이 있었다. 먼저 경계복원측량을 했고, 건축사와 계약을 했으며 건축허가도 받았다. 상수도도 신청했다. 모두 본격적으로 집을 짓기 위한 사전 준비에 해당한다고 볼 수 있다. 한 달여의 준비과정을 거쳐 이제 본격적으로 집을 짓기 시작했다. 그 첫 과정이 기초공사다.

    마침 고향 면 소재지에서 포클레인 기사로 일하고 있는 송무경 외삼촌이 있어서 현지 건설업체를 소개받았다. 건축과 관련해서 당장 믿고 상의할 사람이 있으니 든든했다. 1주일 전 외삼촌은 한 건축업자를 대동하고 현장에 방문해 나와 건물의 위치와 방향 등을 정하고 어떻게 작업할지 상의했다. 빈 대지에 집을 앉힐 자리와 방향을 정하는 것이 생각보다 쉽지 않았다. 완전히 새 그림을 그리고 싶었지만 고심 끝에 자리를 정하고 나니 옛날 초가집이 있던 그대로였다. 집의 방향도 땅의 모양과 뒷산을 배경으로 하다 보니 전처럼 남서향이 되었다. 조상님들도 집을 지으며 나와 비슷한 고민을 한 것이 아닌가 하는 생각이 들었다.

　집의 위치와 방향을 정하고 나자 건축업자는 집터 지대가 낮아서 잡석으로 채워 돋워야 한다고 했다. 그렇지 않으면 바닥에 물이 고여서 집을 지을 수 없고 그렇게 지어서도 안 된다고 했다. 그래서 먼저 대지 300평 중 집을 지을 곳 20여 평에 잡석을 채워 높이고 포클레인으로 바닥을 다지는 평탄 작업을 하기로 했다. 그 위에 집이 올라갈 크기로 거푸집을 세우고 콘크리트 타설을 해 건물의 기초를 세울 것이다. 기초공사 일자는 내가 내려올 수 있는 토요일로 잡았고 외삼촌은 하루 전날 집터에 잡석 세 트럭을 받아 평탄 작업을 마쳐놓았다. 건축업자는 견적을 보내왔는데 인건비와 장비값 등 모두 510만 원이었다. 기초공사에 돈이 많이 들어간다는 얘기는 들었지만 생각보다 많은 것 같았다.

　기초공사하는 날, 나는 아침 6시쯤 세종시를 출발하여 8시 전에 현장에 도착했다. 아침 8시가 되자 작업할 사람들이 모여들었다. 외삼촌은 커다란 포클레인을 가져왔고 1주일 전 현장을 방문했던 건축업자는 세 사람을 데리고 왔다. 한 사람은 작업 장비를 대주는 건설업체 사장이었고 한 사람은 목수, 그리고 나머지 한 사람은 외국인 보조였다. 목수와 보조는 콘크리트를 타설할 거푸집 세우는 작업을 했고 외삼촌과 건축업자는 정화조와 배관 묻는 작업을 했다. 나는 이틀 전 밀리미터(mm)까지 계산된 기초 도면을 보내주었었다. 나는 목수에게 그대로 잘해달라고 말했다. 목수는 기초공사에 밀리미터까지 맞춰달라는 건 처음이라면서 긴장하며 거푸집 세울 곳에 고추대를 박고 직사각형을 잡아나갔다. 옆에서 작업 과정을 지켜보니 목수는 과묵했지만 기술이 좋은 사람이었다.

기초 도면

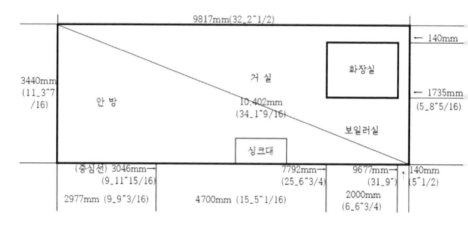

목수는 꼼꼼하게 작업해서 도면과 거의 오차가 나지 않게 거푸집을 세웠다. 이후 화장실을 제외한 나머지 공간 흙바닥에 비닐 2장을 깔고 그 위에 10cm 두께의 스티로폼을 빈틈없이 놓았다. 화장실과 싱크대 놓을 자리에는 PVC 파이프로 하수도 배관을 설치했다. 이제 레미콘을 붓고 거기에 굵은 철사를 격자로 엮은 와이어 메쉬(Wire Mesh)를 넣어 굳히면 콘크리트 기초가 되는 것이다.

목수와 그의 외국인 보조가 건물 기초를 꾸미는 동안 외삼촌은 건축업자와 함께 포클레인으로 땅을 깊이 파 정화조를 묻고 하수 배관을 마을 길옆의 빗물관으로 연결했다. 마을 길은 콘크리트로 포장되어 있었는데 하수관 연결을 위해 콘크리트 절단기로 절단해 파내고 하수관을 묻었다. 수도 배관인 엑셀 파이프는 상수도 계량기가 설치될 곳에서부터 화장실까지 묻었다. 외삼촌은 집 안의 수도 배관은 나중에 바닥 보일러 배관 공사할 때 설치한다고 했는데 그때는 정확히 무슨 말인지 잘 이해하지 못했다. 건설업체 사장도 정화조 묻는 작업을 도왔고 부족한 부품과 장비를 사다 날랐다. 작업은 순조롭게 진행되었다.

거푸집을 세우고 안에 들어갈 하수도 배관도 다 설치한 후인 오후 3시쯤 레미콘을 불러 콘크리트를 부었다. 레미콘 차량에서 되직한 죽 상태의 콘크리트를 포클레인의 큰 주걱으로 받아 기초 바닥에 쏟았다. 그 무게에 거푸집 가운데 부분이 좀 밀려났는데 거기에 받침목을 대고 튼튼하게 고정하는 작업도 했다. 외삼촌은 포클레인 주걱으로 건물 기초에 콘크리트를 다 붓고 나서 콘크리트 타설하는 장비를 불렀더라면 돈이 더 들었을 거라고 공치사하셨다. 나는 든든한 마음에 감사하다고 했다.

콘크리트 타설 작업을 마무리하니 벌써 오후 5시 가까이 되었다. 콘크리트는 여름에는 5일, 겨울에는 7일 정도면 양생, 즉 단단하게 굳는다고 했다. 그렇게 작업을 마무리하고 작업자들은 모두 돌아갔다. 나는 한 시간 정도 콘크리트가 조금 굳기를 기다린 뒤 가장자리에 앵커를 박았다. 앵커는 콘트리트 기초와 벽체의 맨 밑바닥 부분, 즉 토대를 고정하기 위한 25cm 볼트와 너트로 약 1.5m 간격으로 22개를 배치했다. 나는 25cm 앵커의 밑부분 15cm를 콘크리트에 심는 작업을 마치고 저녁 8시쯤 세종시 집으로 돌아왔다.

〈기초공사 견적비용 : 7,100,000원〉

품 명	단 위	수 량	단 가	공급가액	비 고
레미콘	루베	9	85,000	765,000	
와이어메쉬	EA	20	15,000	300,000	
스티로폼	EA	20	18,000	360,000	
폼(거푸집)	식	1	300,000	300,000	
인부	명	6	250,000	1,500,000	철거 포함
정화조 배관	식	1	1,200,000	1,200,000	
도로절단기	식	1	500,000	500,000	
포클레인	일	2	700,000	1,400,000	
잡석	차량	3	150,000	450,000	
기타 경비	식	1	300,000	300,000	

＊콘크리트 바닥 : 비닐 2장 + 스티로폼 10cm + 철근(와이어 메쉬) + 콘크리트 15cm 이상

잡석으로 돋우고 평탄 작업을 해놓은 집터

정화조 묻는 모습

거푸집을 세우고 비닐과 스티로폼 깔아줌

1. 맨땅에 헤딩하는 기분으로 집 짓기 시작

포클레인 주걱으로 받아 레미콘 타설 장면

와이어 메쉬를 넣어 기초를 보강함

시멘트 바닥 고르는 모습

이 PD의 좌충우돌 4천만 원으로 11평 시골집 짓기

하수관 및 수도관 묻는 모습   앵커를 박아 완성한 기초 모습

1. 맨땅에 헤딩하는 기분으로 집 짓기 시작

2

목수학교에서 주말반 5개월,
경량목조주택을 배우다

목수아카데미학원 수료식

—

기초공사 1주일 전 목수아카데미를 수료했다. 수료식 전날 종강파티도 가졌다. 지난 몇 달간 함께 일하며 가까워진 터라 다들 즐거운 자리였다. 실습 과정에서 제작해온 3평 반 농막은 아직 마무리되지 않아서 수료식 날에도 작업을 계속해야 했다. 전날 실내 합판과 석고보드를 붙였고 수료식 날에는 실내 인테리어의 하나로 몰딩 작업을 했다. 평소에 비해 1시간 일찍 작업을 마치고 경량목조주택시공과정 제20기 수료식을 가졌다.

홍인표 원장은 20명 남짓한 학원생들에게 일일이 수료증과 최우수상을 수여했다. 모두가 최우수상이었다. 우습게도 식구들은 내가 최우수상을 받았다니까 제일 잘해서 받은 상인 줄 알았다. 나는 굳이 해명하지 않았다. 식구들은 아직도 내가 목수아카데미를 1등으로 졸업한 것으로 알고 있다. 부상으로는 목조 건축에서 꼭 필요한 다용도 삼각자인 스퀘어를 하나씩 주었다. 개근한 몇몇 사람에게는 인치용 줄자도 주었다.

전동드라이버도 처음 잡아본 나에게 지난 5개월 동안은 모든 것이 새로웠고 즐거운 시간이었다. 함께 농막을 지으면서 목조주택을 직접 지을 수

제 22-최우수-41호

최 우 수 상

성   명 : 이 상 철

생 년 월 일 :

훈 련 과 정 명 : 경량목조주택시공과정 20기

훈 련 기 간 : 2021.12.11 ~ 2022.04.24 (256시간)

위 사람은 평소 솔선수범하는 자세로 학업에
충실하며 우수한 성적으로 수료하였기에 최우수상을
수여합니다.

2022 년   04 월   24 일

목수아카데미학원장

목수아카데미학원 수료증

도 있겠다는 생각도 하게 되었다. 그렇게 시원섭섭한 기분으로 목수학교
를 마치고 헤어지는데 함께 3조 활동을 했던 공무원 출신의 구 선배가 아
쉽다며 3조 원들 모두 저녁을 먹으러 가자고 했다. 그래서 또 한잔했다. 고
맙게도 이후에 3조 원들은 현장을 방문해 집 짓는 일을 도와주었고 큰 힘
이 되었다.

내가 다닌 목수아카데미학원은 대전 동구에 있었다. 실업자와 직업능력
향상을 원하는 사람들을 위한 정부의 위탁교육기관으로 경량목조주택의
기초를 가르쳤다. 교육과정은 국가기간전략산업 주중과정 4개월과 근로

자직업능력 개발훈련 주말과정 256시간 교육이 있었다. 그 목수아카데미
학원은 아쉽게도 2023년 초에 문을 닫았다. 하지만 아직도 전국 여러 곳에
는 목수학교가 있는 것으로 알고 있다.

　사람의 인연이란 참 묘하다. 내가 목수아카데미학원을 처음 본 것은 비
오는 날 버스 안에서였다. 임기제 공무원을 마치고 한동안 답답한 시간을
보낸 뒤 10여 년 전 제작부장으로 근무했던 국악방송에서 3년 전 문을 연
대전지국에 프리랜서 PD 자리를 얻어 가는 길이었다. 세종시에서 대전 동
구에 위치한 방송국까지 버스를 타고 처음 방문하던 날 학원 건물에 붙은
아카데미 간판을 보았다. 백수로 지내는 동안 인생 2막은 낙향해서 지내
볼까 하는 생각도 했던 나는 호기심을 가졌고 결국 몇 달 뒤 학원 문을 두
드리게 되었다. 나는 주말과정에 등록해 2021년 12월 11일부터 2022년 4

월 24일까지 약 5개월간 토, 일요일 오전 9시에서 오후 5시까지 수업을 들었다. 수강료는 정부에서 절반 이상을 지원해줘 약 45만 원을 냈었다. 주중반은 전액 지원이었다.

수업은 처음 몇 주간은 이론 교육이었는데 그때가 가장 힘들었다. 종일 앉아서 강의 듣는다는 것 자체가 힘들었다. 몸이 배배 꼬이고 점심 식사 후에는 너무나 졸렸다. 그랬던 것이 실습에 들어가면서 재미있어졌다. 실습은 먼저 나무젓가락 같은 것으로 모형주택을 만드는 과정이 있고 이후 실제 3.5평 농막을 함께 제작했다. 실제 사용할 수 있는 농막을 짓는 것이기 때문에 매우 실용적인 교육이었다.

처음 학원 등록할 때 나는 한옥과 경량목조주택의 차이도 잘 몰랐다. 첫 수업 때 기초지식을 테스트하는 쪽지 시험을 보았는데 경량목조주택이 무게가 가벼운 주택을 말하나 하고 잘못 생각했던 것이다. 한옥은 주로 원목을 사용하여 전통적인 방식으로 지은 집이고 경량목조주택은 원목을 가로세로 폭이 2인치 4인치(이를 '투 바이 포'라고 말한다) 또는 2인치 6인치(투 바이 식스), 2인치 8인치, 2인치 10인치로 가공한 각진 목재를 사용해서 지은 집을 말한다. 목재의 길이는 10피트 또는 12피트, 16피트로 가공되어 나오는데 목재가 풍부한 북미에서 발전된 주택제작 기법으로 만든 집이라고 할 수 있다. 그래서 현장에서 사용되는 건축용어가 영어이고 길이 단위가 인치(Inch)와 피트(Feet)여서 처음에는 적응이 좀 힘들었다.

〈목조주택 구조 및 자재별 명칭〉

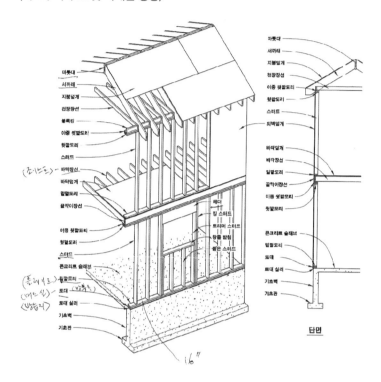

〈머리 쓰던 사람은 인생 2막에선 손 쓰는 일을 하라〉

백면서생으로만 살던 사람이 3.5평 농막을 함께 짓는 동안 무시무시한 각도 톱과 원형 톱, 테이블 톱으로 목재를 자르고, 진짜 총 같은 못총으로 목재를 박아 벽체를 세우고, 천장 구조를 만들어 무거운 서까래를 올리고, 비가 새지 않도록 지붕을 만들고 하는 과정을 처음 겪었으니 얼마나 생소했겠는가. 하지만 답답한 사무실 공간을 벗어나 실제로 눈앞에서 무엇인가가 만들어지는 과정을 지켜보는 것은 무척 신기하고 재미있었다.

인생 1막을 사무직으로 일하다 퇴직한 분들에게는 그동안 머리를 많이 썼으니 이제 몸 쓰는 일을 하시라고 적극 권하고 싶다. 결국에는 나도 내 집을 직접 지을 수 있겠다고 생각하게 되었던 것이다.

3.5평 농막 지붕 위에 방수시트를 밟고 올라선 모습

2. 목수학교에서 주말반 5개월, 경량목조주택을 배우다

목조주택을 직접 짓기로 결심함

—

고향에 집이 필요했던 나는 처음에는 간편하게 샌드위치 패널 주택을 생각했다. 목수아카데미를 다니는 중이었는데도 그렇게 생각했던 것은 가격도 저렴하고 단열 효과도 좋으며 시공도 편리할 것 같아서였다. 요즘 농어촌주택을 짓는데 가장 많이 쓰이는 소재가 샌드위치 패널 아닌가. 그래서 대전 시내에 있는 몇 군데 패널업체와 강관업체를 찾아가서 소재의 단가를 알아보니 6평 농막 기준으로 운송비까지 460만 원 정도면 될 것으로 예상되었다. 그래서 내가 직접 현장을 감독하면서 몇 명의 인부를 고용하면 며칠 만에 뚝딱 집 한 채 지을 수 있지 않을까 생각했다. 비용도 많이 잡아봐야 2,000만 원이 들지 않을 것 같았다.

그래서 각파이프와 C형강으로 골격을 먼저 세우고 그 위에 샌드위치 패널로 벽체와 지붕을 얹으면 될 것으로 생각하고 간편하게 그림을 그려 보았다. 나는 그 간략한 설계도 그림을 가지고 외삼촌을 통해 고향의 건축업자들을 만나보았다. 그런데 그 사람들은 자재를 사다줄 테니 일당제로 일을 해달라는 내 제안을 모두 거절했다. 그렇게는 일하지 않는다는 것이었다. 그들은 자신들의 주도하에 자재 구입부터 시공까지 전체를 맡아서 하는 방식으로 일한다고 했다. 특히나 외지에 있는 사람들에게는 더 그렇게 하는 것 같았다. 그러면서 3,200만 원에 맡기면 조명과 싱크대를 빼고 깔끔하게 잠잘 수 있도록 10일 안에 집을 만들어주겠다고 했다. 나는 자재비용을 뻔히 아는 입장에서 너무 비싼 게 아닌가 하고 생각했지만 별다른 대책이 없는 상황에서는 그 제안을 받아들일 수밖에 없었을 것이다.

공장형 농막 제작업체도 몇 군데 알아보았는데 운송비를 제외하고도 적게 잡아 2,500만 원 이상이 든다고 했다. 그리고 시골 마을 길이 협소해 운송 자체도 쉽지 않은 상황이었다. 3월 어느 날 나는 이런저런 고민을 목수아카데미 홍인표 원장에게 털어놓았다. 홍 원장은 내가 그린 도면과 예산 계획을 보고는 이 돈이면 직접 지을 수 있겠다고 말했다. 처음에는 나는 그 말을 크게 고려하지 않았는데 그 말은 내 머릿속에서 맴돌았다. 돈도 돈이지만 다른 사람 손에 맡기느니 내가 직접 고향에 집을 지을 수 있다면 얼마나 의미 있겠는가. 마침 지금 목조주택 짓는 일을 배우고 있지 않은가 말이다. 며칠 고민 끝에 나는 고향에 집을 지을 바에야 내가 직접 목조주택으로 지어야겠다고 결심했다.

"그래 뜻이 있는 곳에 길이 있다. 한번 해보는 거야!"

직접 목조주택을 짓기로 마음먹은 뒤부터 나의 목수아카데미 수강 태도는 진지해졌다. 강사님들의 말씀을 꼼꼼히 기록했고 주요 공정과 장비들을 사진에 담아 두었다. 궁금한 것은 질문해서 알아갔다. 나에게 이 돈이면 직접 지을 수 있겠다던 홍인표 원장은 막상 내가 직접 목조주택을 짓기로 했다니까 말렸다. 건축의 전 과정이 얼마나 힘든지 잘 알고 있는 그는 이런 일을 해보지 않던 내게는 무리라고 생각했던 것 같다. 그래도 나는 뜻을 굽히지 않았는데 마음 좋은 홍 원장은 결국에는 나를 응원해주었고 많은 것을 개인 지도해주었다. 나중에 건물 짓는 동안에도 궁금한 것이 있을 때마다 물어보고 상의했는데 친절하게 가르쳐주었다.

결과적으로 목조주택을 짓기로 한 것은 잘한 결정이었다. 고향에 비교적 적은 비용으로 작지만 아름다운 집이 만들어진 것이다. 목자재가 친환경 소재라 건강에 도움이 되고 오히려 화재에 안전하다. 만일 불이 난다고 해도 나무 기둥이 전소돼 쓰러지기까지는 상당한 시간을 버텨준다고 한다. 또한 단열 효과가 높아서 냉난방에도 효율적이다. 내가 일하는 대전국악방송에서 멀지 않은 곳에 목수학원이 있어서 찾아가게 된 것은 우연이었고 행운이었다.

〈처음 그렸던 샌드위치 패널 주택 설계도〉

– 각파이프와 C형강으로 건물의 기초 형태 구조물을 만들고, 샌드위치 패널인
　벽체와 지붕체를 붙일 수 있게 함.

– 지붕 형태는 삼각 형태인 트러스 구조물로 제작하여 안정성을 강화함

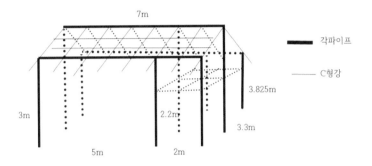

* 트러스 구조 : 각파이프, C형강으로 만든 지붕 윗부분 삼각구조물
* 빠지 : 각파이프 6m 용접 연결부분에 덧대어 붙이는 부목 같은 철판
* 각파이프 두께는 보통 1.4T, 두꺼우면 2T

〈샌드위치 패널 자재 및 가격산출〉

(단열 : 나등급)

품목	내역	금액	비고
사이딩 200T 준불연, 백엠 0.5T	7000×6장×25,800(1㎡단가)	1,083,600	백색엠보
	3300×8장×25,800(1㎡단가)	681,120	
지붕 200T 준불연, 블랙	2500×16장×30,400 (1㎡단가)	1,216,000	블랙, 징크
내벽 100T 소	2200×6장×20,600(1㎡단가)	271,920	
* 운송비(의성 안계)	5톤 장축	250,000	
* 제작 기간	최소 2주 이상 ~ 한달 미만		
	소 계	3,502,640	

〈트러스 각관 자재 및 가격산출〉

품목	내역	금액	비고
아연(GI)각관 100×100 2.0T 6m	56,995(단가)×9개	512,955	
	* 바로위 자재 : 두께 2.9T (단가) 82,900		
아연(GI)C형강 75×45 2.1T 10m	42,087(단가)×9개	378,783	
* 운송비(의성 안계)		180,000	
* 제작 기간	하루전 연락 OK / 1커트당 1,000		
	소 계	1,071,738	

설계도를 직접 그림

목조주택을 짓기로 하고 바로 착수한 것은 설계도를 그리는 일이었다. 마침 학원에서 만들고 있는 3.5평 농막의 설계도는 좋은 참고가 되었다. 그 설계도는 설계 프로그램인 캐드(CAD)로 작성된 것이었다. 그런데 나는 한 번도 설계를 해본 적도 없고 더구나 다룰 수 있는 설계 프로그램은 하나도 없었다. 인터넷으로 설계 프로그램을 검색해보니 45개나 된다고 나왔다. 그렇지만 지금 그걸 배워서 설계하기에는 시간도 없었다.

대신 나는 한글 표 그림에는 익숙했다. 30여 년 직장생활 동안 수많은 보고서를 한글과 표로 작성해왔기 때문에 표를 가지고 그림을 그리는 것은 웬만큼 할 수 있는 편이었다. 그래서 나는 3.5평 농막의 설계도와 귀어귀촌종합센터에서 다운받은 농촌어주택 표준설계도를 참고 삼아 가로 9.8m, 세로 3.4m의 설계도를 직접 그리기 시작했다. 건물 외벽 4개의 벽체를 그리고 건물 안쪽의 안방 내벽체와 화장실 내벽체, 그리고 천장 구조와 지붕 구조를 그려 나갔다.

목재 간격은 배운 그대로 적용했다. 벽체는 16인치 간격으로 기둥인 스터드(Stud)를 세웠고 천장과 지붕은 2피트 간격으로 장선과 서까래를 배치했다. 건축법상 단열 두께 기준이 있는 벽체와 지붕체는 2×6인치 목재를 사용했고 내벽체는 그보다는 얇은 2×4인치 목재를 사용했다. 2×6인치 서까래를 비스듬히 잘라 고정하는 용마루, 즉 릿지 보드(Ridge board)에는 2×8인치 목재를 사용했다.

각각의 문과 창문 위쪽에는 스터드 없이도 지붕 하중을 견딜 수 있도록 두꺼운 목재 3장을 겹쳐 붙인 구조물인 헤더(Header)가 들어가는데, 자재 중 폭이 가장 넓은 2×10인치 목재를 사용했다. 그런데 목재 폭의 실제 크기는 호칭에 비해서 0.5인치가 작다. 예를 들어 2×4인치 목재의 실체 크기는 1.5×3.5인치인 것이다. 이런 점도 설계할 때 고려했다. 지붕의 경사는 배운 대로 6대 12의 비율 즉 세로 1에 가로 2의 경사로 그렸다. 그걸 현장에서는 12진법으로 6인치 피치(Pitch)라고 한다.

길이 단위는 학원에서 배운 대로 인치와 피트를 사용하였는데 1피트가 12인치이다. 그런데 이 단위를 한글로 표기하기가 어려워 피트는 '_', 인치는 " "로 표기했고 분수는 '/로 표시했다. 예를 들어 6_1 "3/4는 6피트 1인치 4분의 3을 말하는데 처음 보는 사람들은 그게 뭔가 하겠지만 나는 잘 알아볼 수 있었기 때문에 어려움은 없었다. 설계도에 x는 스터드(Stud), k는 킹스터드(King Stud), b는 백커(Backer), t는 트리머(Trimmer), cor은 코너(Corner) 등으로 표기했다.

이 설계도는 나만 알아볼 수 있겠다는 생각이 들었는데 나중에 동료 학원생들에게 보여주니 그들도 바로 알아보는 게 신기했다. 건물의 특성상 조금의 오차도 있어서는 안 되었기에 설계할 때는 매우 꼼꼼하게 숫자를 표기했다. 노트북을 붙잡고 숫자 하나하나 계산해서 적어가는 과정이었지만 마음속으로는 매우 즐거웠다. 기대에 부풀어 있었기 때문에 힘든 것도 모르고 작업할 수 있었다.

건물 외벽체 4개는 1번에서 4번까지 번호를 매겼다. 뒷산 쪽 벽체를 1번, 현관문이 있는 앞 벽체를 2번, 현관문을 정면에서 봤을 때 왼쪽을 3번, 오른쪽을 4번 벽체로 정했다. 1, 2번 벽체는 32피트 2인치 2분1(32_2"1/2) 즉 9.8미터, 3, 4번 벽체는 11피트 3인치 16분의 7(11_3"7/16), 즉 3.4미터이다. 그런데 가장 긴 목재가 16피트(4.87m)여서 1번 벽체와 2번 벽체는 1-1, 1-2 같이 두 개로 나눠 그려야 했다. 처음 1번 벽체를 그릴 때 가장 고생을 했다. 백지에 표를 그리고 그걸 넓고 좁게 조정해서 설계도 틀을 만드는 작업이었기 때문에 종일 매달려 1번 벽체 하나를 그렸다. 1번 벽체의 표 그림이 완성되자 2번 벽체부터는 복사해서 사용할 수 있어서 비교적 쉽게 설계를 할 수 있었다. 그렇게 해서 1주일 만에 모든 설계도를 완성할 수 있었다.

그렇게 만들어진 설계도를 목수아카데미 학원생들에게 보여주니 다들 부러워하면서도 실제 건축이 가능할지 의심스럽다는 눈치였다. 설계도를 아내와 아이들에게도 보여주고 의견을 물었는데 아내는 화장실 내벽체를 꺾어서 냉장고 들어갈 자리를 만드는 게 좋을 것 같다고 했다. 일리 있는 지적이었다. 아내는 어떻게 그걸 한 번 척 보고 그런 생각을 해냈는지 모르겠다. 아무래도 아내가 나보다 공간 지각력이 훨씬 더 좋은 것 같았다. 그래서 최초로 설계변경을 하게 되었다.

〈시골집 설계도〉

● 평면도

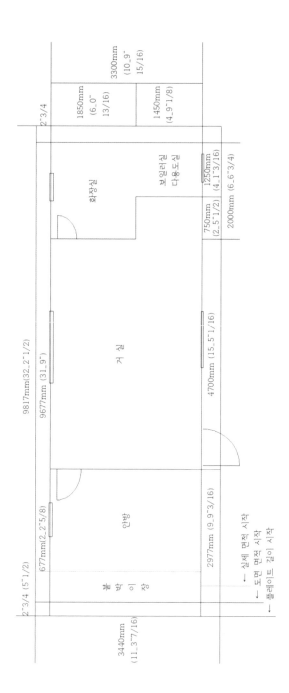

2˝3/4

3300mm
(10_9˝
15/16)

1850mm
(6_0˝
13/16)

1450mm
(4_9˝1/8)

2˝3/4

화장실

보일러실
다용도실

1250mm
(4_1˝3/16)

750mm
(2_5˝1/2)

2000mm (6_6˝3/4)

9817mm(32.2˝1/2)

9677mm (31_9˝)

거 실

4700mm (15_5˝1/16)

677mm(2_2˝5/8)

2˝3/4 (5˝1/2)

안방

벽이장

플이장

← 실제 면적 시작

← 도면 면적 시작

← 플레이트 길이 시작

2977mm (9.9˝3/16)

3440mm
(11_3˝7/16)

이 PD의 좌충우돌 4천만 원으로 11평 시골집 짓기

● 1-1번 벽체

9677mm (31_9") 중 4839mm (15_10"1/2)

bottom

캡플레이트   5"½   (1-1길이) 15_10"1/2

15_1"9/16   3"½   9_10"3/16(캡플레이트 내벽체 3"1/2)   15_2"15/16

내벽체 중심선(9_11"15/16)   9_11"15/16

거실 창문
캡도리
거실 창문 (4050)
헤더 2*10

4_6"3/4   8_0"3/4   6_2"   13/16

안방창문(2030)
s s 4_1"5/16s
s 4"1/16 s
헤더 2*10 (3_3")

2353mm (7_8"5/8)

9_4"11/16(한눈금 척계)

top

15_10"1/2

cor	x	x	x	k	s	s	t	x	x	b	x	x	x	bt
15"1/4	16"	16"	16"	16"	16"	16"	16"	16"	16"	16"	16"	16"	16"	15"1/4
15"1/4	2_7"1/4	3_11"1/4	5_3"1/4	6_7"1/4	7_11"1/4	9_3"1/4	10_7"1/4	11_11"1/4	13_3"1/4	14_7"1/4	15_10"1/2
0	31"1/4	47"1/4	63"1/4	79"1/4	95"1/4	111"1/4	127"1/4	143"1/4	159"1/4	175"1/4	190"1/2

2. 목수학교에서 주말반 5개월, 경량목조주택을 배우다

51

● 1–2번 벽체

9677mm (31_9") 총 4839mm (15_10"1/2)
bottom

컬럼레이트 →15_1"9/16

2353mm (7_8"5/8)

(총길이) 31_9"
(1-2 길이) 15_10"1/2
5_1/2
6_7"3/4
13_11"7/8
11_5"7/8
3" ½

내벽체 중심선(9_6"1/2)
9_4"3/4(앞깔도리 내벽체 3"1/2 홈)→
(20_8"15/16-15_10"1/2) = 4_10"7/16→

화장실 창문 2020 (2_3")
6_8" 3/8
s 4_6"7/8s s
헤더 2*10 (2_3")

6.6" 7/8
7.7" 1/8

거실창문 깔도리 (2.5"3/8
← 거실 창문 1219(4_)*1524(5_)
← 헤더 2*10 (5.2"1/16)

top

	16"	16"	16"	16"	16"	16"	16"	16"	16"	16"	16"	16"	13"3/4	
0"3/4	1_4"3/4	2_8"3/4	4_0"3/4	5_4"3/4	6_8"3/4	8_0"3/4	9_4"3/4	10_8"3/4	12_0"3/4	13_4"3/4	14_8"3/4	15_10"1/2		
0	16"3/4	32"3/4	48"3/4	64"3/4	80"3/4	96"3/4	112"3/4	128"3/4	144"3/4	160"3/4	176"3/4	190"1/2		
15.10"½	15_11"1/4	17.3"1/4	18.7"1/4	19.11"1/4	21.3"1/4	22.7"1/4	23.11"1/4	25.3"1/4	26.7"1/4	27.11"1/4	29.3"1/4	30.7"1/4	31.9"	
190"½	191"1/4	207"1/4	223"1/4	239"1/4	255"1/4	271"1/4	287"1/4	303"1/4	319"1/4	335"1/4	351"1/4	367"1/4	381"	

이 PD의 좌충우돌 4천만 원으로 11평 시골집 짓기

52

● 2-1번 벽체

9677mm (31_9") 중 4839mm (15_10"1/2)

bottom

cap 5½

9_10"3/16(캡플레이트 한눈금 자개)

9_4"11/16(캡플레이트 내벽체 3"1/2 홈)

내벽체 중심선(9_6"7/16)

2353mm
(7_8"5/8)

3"½

9_8"3/16

10_7"3/16

정문
2042(6_8"3/8)
•1000(3_3"3/8)

헤더 2•10
(3_6"3/8)

(2-1길이) 15_10"1/2

캡플레이트 15_1"9/16 ~
14_4"9/16

6_8"
3/8

5"1/2	x	x	x	x	x	x	x	x	b b	t k t	x	t k	x	x	x
3번벽체	9"3/4	16"	16"	16"	16"	16"	16"	16"	16"	16"	16"	16"	16"	16"	4"3/4
cor	9"3/4	2.1"3/4	3.5"3/4	4.9"3/4	6.1"3/4	7.5"3/4	8.9"3/4	10.1"3/4	11.5"3/4	12.9"3/4	14.1"3/4	15.5"3/4	15.10"1/2
0	9"3/4	25"3/4	41"3/4	57"3/4	73"3/4	89"3/4	105"3/4	121"3/4	137"3/4	153"3/4	169"3/4	185"3/4

top

9677mm (31.9") 중 4839mm (15_10"1/2)

bottom

17_7"1/16 (15_1"9/16 + 2_5"1/2)

(총길이) 31-9"
(1-2 길이)15_10"1/2
5"½
3-8"3/4
11_4"3/4(윗깔도리 내벽체 3"1/2 홈)
14_9"5/8

6-8"
3/8

보일러실 창문
2020

헤더 2*10
(2_3")

s 4_6"7/8
12_3"5/8

내벽체 중심선
(11_6"1/2)

3"½

5_5"1/4
(21_3"3/4 - 15_10"1/2)

5_7"7/8

부엌 창문
2040

헤더 2-10
(4_3")

s3_6"3/8

s 11"

top

cor

2353mm
(7_8"5/8)

	16"	16"	16"	16"	16"	16"	16"	16"	16"	16"	16"	16"	16"	16"	3"1/4					15.7"1/4	15.10"1/2
x	k	s	s	s	s	x	x	x	x	x	x	x	b	x	k	s	s	s	t	k	cor
11"1/4	11"1/4	2"3"1/4	3"7"1/4	4"11"1/4	6"3"1/4	7"7"1/4	8"11"1/4	10"3"1/4	11"7"1/4	12"11"1/4	14"3"1/4	15"7"1/4									
0	11"1/4	27"1/4	43"1/4	59"1/4	75"1/4	91"1/4	107"1/4	123"1/4	139"1/4	155"1/4	171"1/4	187"1/4									
0	15.10"1/2	16_9"3/4	18_1"3/4	19_5"3/4	20_9"3/4	22_1"3/4	23_5"3/4	24_9"3/4	26_1"3/4	27_5"3/4	28_9"3/4	29_6"3/8									
185"3/4	201"3/4	217"3/4	233"3/4	249"3/4	265"3/4	281"3/4	297"3/4	313"3/4	329"3/4	345.3/4											

● 3번 벽체

3300mm (10_9"15/16)

bottom (3번벽체 길이) 10_9"15/16

캡 플레이트 10_9"15/16

2353mm (7_8"5/8)   5"½   5"½   5"½

top

1번벽체 cor	x	x	x	x	x	x	x	x	x	x	x	x	cor
9"3/4	16"	16"	16"	16"	16"	16"	16"	16"	16"	8"3/18			
0	9"3/4	2_1"3/4	3_5"3/4	4_9"3/4	6_1"3/4	7_5"3/4	8_9"3/4	10_1"3/4	10_9"15/16				
9"3/4	25"3/4	41"3/4	57"3/4	73"3/4	89"3/4	105"3/4	121"3/4	129"15/16					

2. 목수학교에서 주말반 5개월, 경량목조주택을 배우다

55

● 4번 벽체

bottom — 3300mm (10_9"15/16)

2353mm (7_8"5/8)

- 5" ½
- 캡 플레이트 5_8"5/16
- (윗깔도리 3"1/2 홈/ 벽거) 6_1"13/16 →
- (내벽체 중심선) 6_3"9/16 →
- ← 6_5"5/16
- 3" ½
- (4번벽체 길이) 10_9"15/16
- 4_10"1/8
- 5" ½

										5" ½ 2번벽체 cor
cor	x	x	x	x	x	b / b	x	x	x	x
15"1/4	16"	16"	16"	16"	16"	16"	16"	16"	16"	2"11/16
0	15"1/4	2_7"1/4	3_11"1/4	5_3"1/4	6_7"1/4	7_11"1/4	9_3"1/4	10_7"1/4	10_9"15/16
	15"1/4	31"1/4	47"1/4	63"1/4	79"1/4	95"1/4	111"1/4	127"1/4	129"15/16

top

● 안방 내벽체

3160mm(10_4"7/16) = 3300mm (10_9"15/16) - 5"1/2

bottom

(안방 내벽체 길이) 10_4"7/16

캠플레이트 11_3"7/16

3_1"1/2

2편 벽체 5_½
도면선 2"3/4

1편 벽체 5_½
도면선 2"3/4

안방문
2042(6_8"3/8)
*800(2_7"1/2)

6-8" 3/8

헤더 2*10
(2_10"1/2)

2353mm
(7_8"5/8)

top

lc	t	td	x	x	x	x	x	x	x
9"3/4	16"	16"	16"	16"	16"	16"	16"	16"	2"11/16
0	9"3/4	2_1"3/4	3_5"3/4	4_9"3/4	6_1"3/4	7_5"3/4	8_9"3/4	10_1"3/4	10_4"7/16
	9"3/4	25"3/4	41"3/4	57"3/4	73"3/4	89"3/4	105"3/4	121"3/4	

2. 목수학교에서 주말반 5개월, 경량목조주택을 배우다

● 화장실 내벽체

1824mm(5_11"13/16)

bottom

1번 벽체 5"½
도면선 2"3/4

겹플레이트 6_1"13/16   5_8"5/16→ 3"½
내벽체 중심선
(5_10"1/16)
2_9"9/16 →

화장실문
1900(6_2"13/16)
*700(2_3"9/16)

헤더 2*10
(2_6"9/16)

6-2"
13/16

4"1/16

2353mm
(7_8"5/8)

k t	s	s	s	s	s	t k	top	x	x	cor
9"3/4		16"		16"		16"		16"	14"1/16	
0		9"3/4		2_1"3/4		3_5"3/4		4_9"3/4	**5_11"13/16**	
		9"3/4		25"3/4		41"3/4		57"3/4		

* 5_11"13/16 + 5"1/2 = **6_5"5/16**

● 보일러실 내벽체

내벽체 3˚½	1337mm(4-4"5/8)		2번 벽체 5˚½
	캠플레이트 5_1"5/8		
	bottom		
	x	x	x	x	x	x	
	top		4-4"5/8
2353mm (7_8"5/8)	16"	16"	16"	16"	4"5/8	
	0	1_4"	2_8"	4_		
	16"	32"	48"		

2. 목수학교에서 주말반 5개월, 경량목조주택을 배우다

59

● 내벽재 연결 내벽재

					보일러실 내벽재
2_5"1/2			cor		
	3"½	캠플레이트 2_5"½	3"½		13"1/2	2-5"1/2
		bottom	x	top	1_4"	16"
	3"½	2353mm (7_8"5/8)	x	16"	0	
			안방 내벽재			

● 천장 구조 평면도 (벽체 레이아웃 참고)

도면크기 | 실제크기

2"3/4 | 11_3" 7/16 (3440)

1"1/2

중심 5_7" 3/4

맞춤 5_7"

4 번 벽체

9817mm(32_2"1/2)

1번 벽체

스트롱백(25_6"3/4)

2*4 / 2*6

2번 벽체

3 번 벽체

1"1/2

32_ 2"1/2

10"1/4 | 31_ 4"1/4 | 2_ | 29_ 4"1/4 | 2_ | 27_ 4"1/4 | 2_ | 25_ 4"1/4 | 2_ | 23_ 4"1/4 | 2_ | 21_ 4"1/4 | 2_ | 19_ 4"1/4 | 2_ | 17_ 4"1/4 | 2_ | 15_ 4"1/4 | 2_ | 13_ 4"1/4 | 2_ | 11_ 4"1/4 | 2_ | 9_ 4"1/4 | 2_ | 7_ 4"1/4 | 2_ | 5_ 4"1/4 | 3_ 4"1/4 | 2_ | 1_ 4"1/4 | 10"3/4

5"1/2 | 0

• j(조이스트, 11.0"7/16) 18개
• 내벽체 중심선 25_5"

2. 목수학교에서 주말반 5개월, 경량목조주택을 배우다

61

● 지붕 구조 평면도 (서브 페이서 · 릿지보드(용마루) 레이아웃 참고)

1072mm(35_2"1/2) = 9817mm(32_2"1/2) + 3_

아웃트리거 벽체 / Outrigger 벽체

스트롱 백(25_6"3/4)

2·4 / 2·6

1번 벽체 / 2번 벽체

2_8"3/4

*Rafter(서까래) 20*2 = **40개**. joist(장선) = 18개. blocking(막음재) 1_10"1/2 = **30개** / 1_2"3/4 = **2개** / 8"3/4 = **2개**

*중간 연결 부목의 길이 : 1_10"1/2(한눈금 더 작게) = 2_ - 1"1/2

*Ridge board(용마루. 2*8) : 양쪽 끝부분 1 및 2 피트의 폭은 7"1/4 → 5"3/4 로 줄여줌

*서브 페이서: 2*6*12 = 3장

● 서까래 도면

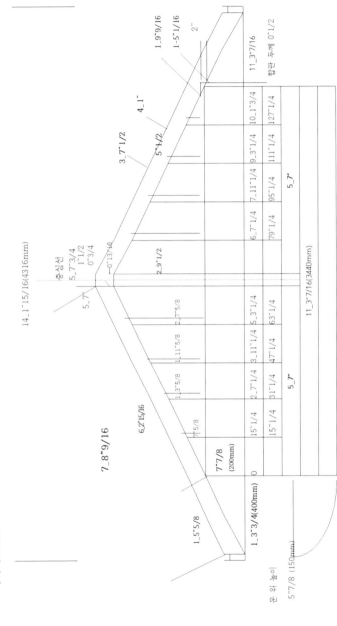

14_1"15/16(4316mm)

7_8"9/16

5_7"3/4
1"1/2
0"3/4

중심선

1.9"9/16
1-5"1/16
2"

11_3"7/16

합판 두께 0"1/2

4_1"

3_7"1/2

5"1/2

-0"13/16

2_9"1/2

10.1"3/4
127"1/4

9.3"1/4
111"1/4

7_11"1/4
95"1/4

6.7"1/4
79"1/4

5_7"

6.2"15/16

1.3"5/8

7"5/8

1_3"5/8

2_7"1/4

3_11"1/4
47"1/4

5.3"1/4
63"1/4

1_11"5/8

2_7"5/8

11_3"7/16(3440mm)

15"1/4

15"1/4

0

7"7/8
(200mm)

5_7"

1_3"3/4(400mm)

1.5"5/8

박공 놀이
5"7/8 (150mm)

* 서까래(2*6*16_ = 20개) : 7_8"9/16 = 40개 (보통 서까래 32개 / 바지 서까래(깨끗한 바깥 서까래) 4개 / 마지막 서까래(중간에 홈) 4개
* 박공 스터드 : 2*6*3_ = 6개, 2*6*2_ = 8개, 2*6*1_ = 4개

2. 목수학교에서 주말반 5개월, 경량목조주택을 배우다

63

3

벽체 세우기부터
지붕 완공까지

자재 구입 및 운반

—

4월 30일(토) 기초공사를 한 지 2주일 가까이 흘렀다. 나는 마음이 급하여 콘크리트 타설 1주일 뒤부터 목조주택 건축을 시작하려고 했었다. 그런데 기초공사 작업을 했던 건축업자가 요즘 날씨에 1주일이면 시멘트가 굳는다고는 해도 한 열흘 정도 기다려서 충분히 굳힌 후에 공사를 시작하는 게 아무래도 좋지 않겠냐고 했다. 100년 주택의 기초 아닌가. 섣불리 서두르지는 않기로 했다. 본격적인 목조주택 공사 착공은 2주일 후인 5월 14일(토)부터 시작하기로 날을 잡았다.

착공 전 2주 동안도 바쁜 나날을 보냈다. 목조주택을 지을 목재와 기타 자재를 목재상에서 구입했다. 그리고 건물을 지을 장비도 마련해야 했다. 내가 가진 장비는 도움이 되지 않아서 목공용 망치서부터 거의 모든 장비를 새로 사야 했다. 타정기(못총)와 각도 톱, 그라인더는 20만 원대에 구입했고 전동 드릴 드라이버는 10만 원대로 구입했는데 써보니 역시 좋은 장비는 이름값을 했다. 필수 장비는 조금 비싸더라도 좋은 장비를 구입하는게 좋겠다는 생각이 든다. 장비와 소모품 목록은 살 때마다 꼼꼼하게 기록해두었다.

〈내가 구입한 에어 공구와 전동 공구〉
* 에어 공구 : 컴프레서(공기압축)와 에어 호스, 타정기(못총), 태커(F30),
　　　　　　태커(F1022), 에어 건
* 전동 공구 : 각도 톱, 원형 톱, 그라인더, 전동 드릴 드라이버

산재 보험도 가입했다. 건축허가가 난 뒤 근로복지공단 안동지사에서
연락이 왔는데 보험 가입은 공사 시작 직전에 하면 되어서 5월 4일에 신
청했다. 보험가입신청서를 공단에서 팩스로 받아서 몇 가지 기록 후 다시
팩스로 보내주었다. 건축사가 신축 건축물을 6평 샌드위치 패널 주택으
로 신고해놓아서 보험료는 비교적 적게 나왔다.

〈산업재해보상보험 보험료 : 97,080원〉
근로복지공단 해당지역 본부(지사)에 공사 직전 가입하면 되며 만일을 위해 반드시
가입할 필요가 있음

장비는 주로 인터넷을 통해 구입했지만 목재와 기타 자재들은 목재상
과 건재상, 타일 가게, 보일러 가게, 전기업체, 철물점 등을 직접 방문해
구입했다. 그런데 정말 우연하게도 목수아카데미가 있는 대전 동구에서
대전역 방향 큰길은 건설건축자재특화거리로 이름 붙여진 곳이었다. 돌
아보면 건축과 관련된 가게들이 즐비했다. 그래서 방송을 마치고 아주 편
하게 걸어 다니면서 각종 건축 자재에 대해 알아갈 수 있었다.

내가 이 거리 근처에서 일을 하게 되고 목조아카데미학원을 다닌 것도
다 집을 지으라는 운명이 아니었던가 하는 생각마저 들었다. 무엇보다 목
조주택에서 가장 중요한 목자재를 구입하는 거래처를 정하는 데 큰 어

대전시의 건설건축자재특화거리

려움이 없었다. 목수아카데미학원이 있는 건물의 1층이 목재상이었기 때문이다. 학원에서도 거래하는 업체라서 쉽게 거래를 틀 수 있었다. 나는 학원에서 배우는 수강생인데 고향에 집을 지으려 한다고 털어놓으니 가게 주인도 친절하게 대해주었다.

사실 초보자에게 자재 사는 일은 쉽지 않을 수 있다. 나도 여러 업체를 찾아다녔는데, 우선 용어에 익숙하지 않아서 물어보는 것이 서투를 수밖에 없다. 주인과 몇 마디 나누는 사이에 금세 초보자임이 드러난다. 그때부터 가게 주인은 나에게 흥미를 잃어간다는 걸 느끼게 된다. 실제로 샌드위치 패널 가게에 갔을 때의 일이다. 직원이 '두께는 200 티(T)'라고 했는데 나는 단위 중에 '티(T)'는 처음 들어봐서 "티가 뭐예요"하고 물었던 적이 있다. 티(T)는 현장에서 일반적으로 사용하고 있는 두께 단위로 1T가 1mm다. 그러니까 샌드위치 패널 200T는 200mm라는 뜻이었다. 각파이프 두께도 1.8T, 2T 등으로 부르고 있다.

그런 기본적인 용어도 몰랐으니 그 직원은 나와 더 얘기하고 싶지 않았을 것 같다. 현장에서 사용하는 자재 용어로 규격과 가격을 물어볼 때와 정확한 용어와 규격을 몰라서 "저 그거 있잖아요? 거기에 쓰는 거요" 하고 물어볼 때 똑같은 대답을 기대할 수 있을까? 주인 입장에서 보자면 초보자들은 큰 거래처가 될 가능성이 거의 없기에 성의 있는 상담을 기대하기는 어려울 것 같다. 그런 상황에서 가게 주인이 불러주는 가격에는 왠지 바가지를 쓰는 듯한 느낌이 들었다. 나만의 착각이었을까.

학원이 거래하는 목재상에서 목재를 구입하게 되면서 자재 이름을 몰라도 학원 마당에 커다랗게 자리 잡은 3.5평 농막을 가리키며 "저기 위에 저거 말이에요"하면서 물어볼 수 있어서 편했다. 나는 자재를 믿고 또 편하게 구입할 수 있었지만, 지금 생각해보면 거래처는 최소 2곳 정도는 정해놓고 상호 비교해가면서 구입하는 게 좋지 않을까 싶다.

아무튼 나는 목조아카데미학원이 있는 건물의 자재상에서 목조건축에 들어가는 거의 모든 자재를 구입했다. 첫 선적 물량을 약 840만 원에 구입했고 총 자재 구입비용은 1,130만 원이 들었다. 자재별 수량은 내가 아직 회배수 계산에 익숙하지 않아서 자재상의 이 부장님이 해주셨다. 참 친절하고 마음이 고운 분이셨다. 내가 자재를 구입하던 2022년 5월은 러시아의 우크라이나 침공으로 석유 값을 비롯해서 모든 자재 값이 급등 하던 때였다. 목재소 직원분들은 몇 달 전까지만 해도 7천 원 하던 2×4 구조목이 1만 원이 넘는다면서 걱정해주셨다. 그래서 살짝 억울하기도 했지만 의외로 전체 건축비용 중에서 자재 값이 차지하는 비율은 그리 높지 않았다.

나의 경우 총 건축비로 4천여만 원이 들었는데 자재비 인상으로 200만~300만 원 정도 비용이 더 든 것 같다. 시멘트 가격도 많이 올랐지만 애초 가격이 저렴했기 때문인지 레미콘 비용은 10여만 원 더 든 정도였다. 가장 부담되는 것은 인건비와 장비 사용료였다. 건축에서 인건비와 장비 사용을 줄이는 게 비용 절감의 관건인 것 같다. 앞으로도 세계 경제가 불황이고

승용차에 가득 실린 장비

그로 인해 자재 값이 오르더라도 그것에 크게 주눅 들지 않았으면 좋겠다.

첫 자재 운반은 5톤 장축 화물트럭으로 했다. 화물차가 여러 곳을 거치며 자재를 실어 오기로 했고 나와는 시골 현장에서 5월 12일 목요일 오후 5시에 만나기로 했다. 자재를 받기로 한 5월 12일 목요일, 나는 오전에 생방송과 녹음 작업을 마치고 12시쯤 방송국에서 고향으로 출발했다. 방송국에서 양해해주어서 다음 주 화요일 분까지 녹음을 해놓을 수 있었다. 주차장에서 방송 관계자에게 차에 가득 실린 장비를 보여주며 집 잘 짓고 오겠다고 했더니 그 사람은 차에 가득한 장비 규모에 입이 딱 벌어졌다. 내가 일을 크게 벌리긴 벌린 모양이었다.

나는 차 안에서 간단하게 빵으로 점심을 대신했다. 방송국에서 고향까지 거리는 120km쯤이었다. 오후 2시쯤 고향에 도착해서 먼저 송무경 외삼촌 댁에 맡겨두었던 컴프레서와 각도 톱을 설치할 조립식 테이블을 가지고 집터로 와서 화물차 오기를 기다렸다. 드디어 오후 5시 40분쯤 자재가 잔뜩 실린 화물차가 고향 집터로 들어섰다. 서류상으로 주문을 했던 것이라 자재가 실린 실제 모습은 처음 보는 것인데 그 규모가 엄청났다. 나는 속으로 많이 놀랐지만 당황하지 않은 척 담담하게 행동했다. 자재는 지게차 대신 삼촌이 포클레인으로 내려주기로 했는데 자재량을 보니 지게차로는 감당이 안 될 것 같았다. 삼촌은 일 나갔다가 시간에 맞춰 미리 와있었는데, 삼촌도 처음에는 이런 물량은 처음인지 화물차 기사에게 이걸 어떻게 내리냐고 물어볼 정도였다. 포클레인 주걱 대신 지게 날을 끼워 구조재의 가운데를 번쩍 들어올리니 그 엄청난 무게의 구조재 더미가 일순 떠오르는 것이었다. 나는 흙바닥에 나무 판넬을 미리 주워다 놓았고 그 위에 어마어마한 목재 더미를 옮겨놓았다.

구조재에 이어 엄청난 무게의 아스팔트 슁글을 내리고 합판도 내리고 여러 가지 다 내렸는데 거기에는 나무로 만든 우마도 5개가 있었다. 우마는 학원 홍 원장이 필요할 것이라며 함께 실어 보냈다. 나는 그게 도움이 될까 싶었는데 막상 현장에서는 매우 큰 도움이 되었다.

화물차에서 포클레인으로 자재 내리는 모습

3. 벽체 세우기부터 지붕 완공까지

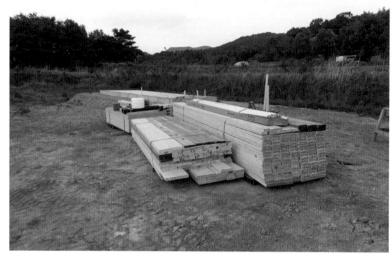

마당에 내려놓은 엄청난 양의 건축자재들

하역을 마치고 5톤 장축 기사에게 운송비 23만 원, 하역해준 삼촌에게 10만 원을 드렸다. 한편 짐을 내려놓고 보니 막막했다. 짐이 엄청나게 많았기 때문이다. 돌연 겁도 났다. 애써 마음을 가라앉히고 콘크리트 기초 바닥에 안방과 화장실 도면을 연필로 그렸고 각각의 내벽체 중심선에 먹줄을 퉁겼다. 외삼촌이 가지 않고 있다가 먹줄 퉁기는 것을 도와주었다. 외삼촌은 가고 나는 읍내 종합건재상에 가서 전선 15미터와 철가위, 테이프를 사 와서 원형톱을 설치할 장소까지 전선 연결하는 작업을 했다. 고맙게도 앞집에서 농사용 전기 사용을 허락해주셨다.

어두워지는 줄도 모르고 작업을 하다가 저녁 8시쯤 달이 뜬 깊은 밤이 되어서야 옆 마을에 있는 숙소로 향했다. 숙소는 마을 부녀회에서 마련해 주었는데 그곳에 사시던 주인은 몇 년 전 요양원에 가서서 마침 비어있는 집

달이 높이 뜬 마을 숙소에서의 첫 밤　　3년전 달력인 2019년 달력과 호랑이 그림

이었다. 마을에서 조금 떨어진 곳에 있는 숙소에 들어가면서 보니 하늘에 달이 떠 있는데 만감이 교차했다. 내가 공연한 일을 벌인 것은 아닌지 겁도 났고 완수할 수 있을지 걱정도 되었다. 그리고 혼자 그런 일을 감당하자니 외롭고 처량했다. 정말 어디로든 도망가고 싶은 심정이었다.

　숙소에 불을 켜고 들어가니 한쪽 벽에 3년 전인 2019년 12월 달력이 걸려 있어서 세월이 멈춘 곳 같았다. 그리고 웬 호랑이 유화 그림이 떡하니 걸려 있어서 그렇지 않아도 심란한데 마음이 편칠 않았다. 처음 자는 곳이라 잠도 오지 않았다. 그럴까 봐 읍내에서 산 막걸리 한 병을 마시고 잠을 청했는데 보일러가 작동되는지도 몰라서 그냥 잤더니 새벽에 냉골이 되어 몹시 추웠다. 결국 거의 한잠도 자지 못했다.

〈건축자재 1차 구입 내역〉(자재 비용 : 8,410,000원)

〈목자재〉

구조재 16×2×4(18,000원×9개), 구조재 16×2×6(30,500원×112개), 구조재 12×2×4(11,500원×21개), 구조재 12×2×6(21,600원×22개), 구조재 12×2×8(26,500원×4개), 구조재 12×2×10(39,500원×8개), 방부목 16×2×4(19,500원×3개), 방부목 16×2×6(30,000원×6개), 방부목 12×2×4(14,000원×8개)

〈지붕자재〉

페이샤보드 16×1×8(14,500원×10개), 합판(중국) 4×8×11.5(22,000원×43장), 아스팔트 쉬글(흑적색 이중) 25m2.143×10(30,000원×16개), 아스팔트 쉬글(일반) 343m2.143×10(28,000원×6개), 오웬스코닝 방수시트 1×10(23,000원×6롤), 릿지벤트(용마루 환풍구)(15,000원×8개), 후레쉥(6,000원×25개), 합판클립(300원×100개)

〈외벽 및 처마자재〉

타이백(외벽 방습필름) 1.5×50(120,000원×1롤), 방부졸대(레인스크린)(4,000원×30개), 시멘트사이딩 6.5×230×3660(4,500원×105장), 제이찬넬 12×37×3650(3,600원×19개), 소핏벤트 1.5×305×3880 (10,000원×10개)

〈기타 자재〉

이지씰(방수 테이프) 100mm×20mm(14,500원×2개), 씰실러(바닥용 방습재) 2×6(12,000원×2롤), 실리콘(투명)(5,000원×10개), 폼(1회용)(5,000원×10개), 개미방지제(100,000원×1롤), 아연피스(육각) 80mm(14,000원×1봉), 심슨철물 H-2.5 100ea/box(800원×100개)×배달된 품목을 확인해보니 누락 된 것과 잘못 온 것 등이 있어서 반품과 교환으로 조정함

〈운송 비용 : 230,000원〉

5톤 장축 화물차로 대전에서 의성군 안계면까지 120km 거리 배달

〈하역비 : 100,000원〉

포클레인의 지게 날로 하역×회배수 계산: 건축면적의 가로 세로를 곱한 ㎡ 값을 1㎡로 나누어 소요 자재량을 구하는 방법

테이블과 우마를 이용해 설치한 각도톱

3. 벽체 세우기부터 지붕 완공까지

토대 작업

밤새 잠을 뒤척이다 아침 6시쯤 집터로 갔다. 엄청난 자재에 위축되기도 했지만 나는 차근차근 일을 해나가기 시작했다. 우선 각도 톱의 위치를 잡았다. 그리고 톱 테이블에 긴 구조재를 놓고 자를 수 있도록 2×8인치 자재를 우마 위에 작업대로 설치했다. 각도 톱을 설치하니 마음이 안정되었다. 이제 설계대로 나무를 자르기만 하면 되었다.

그런 중에 앞집에서 아침을 먹으러 오라고 했다. 잠도 설치고 입맛도 없었는데 거절할 수 없었다. 그런데 막상 먹어보니 된장찌개며 나물 무침이 고향의 맛이고 시골 밥상이어서 입에 잘 맞았다. 작업 기간 동안 나는 여러 차례 앞집인 우종문 씨 댁에서 아침을 얻어먹었다. 때로는 부담스럽기도 했지만 그때마다 먹는 밥에 숟가락 하나 더 놓는 거라고 하시며 부담을 덜어주셨다. 고향의 정이란 이런 게 아닌가 싶었다.

아침 식사 후 콘크리트 기초 가장자리에 세울 벽체 맨 밑부분에 들어가는 구조재인 토대 설치하는 작업을 했다. 토대는 시멘트 바닥과 맞닿고 빗물에 젖을 수 있기 때문에 방부목을 사용한다. 그런데 아침부터 하늘이 흐리더니 오후 3시부터 갑자기 비가 엄청나게 쏟아졌다. 그동안 많이 가물었기에 반가운 비였지만 내게는 난감한 비였다. 자재를 마당에 잔뜩 쌓아놓았는데 첫날부터 비라니, 심란한 중에 더욱 암울한 비였다. 나는 가지고 있던 두 개의 천막으로 각도 톱과 합판은 덮을 수 있었는데 구조목은 그대로 비를 맞힐 수밖에 없었다. 한숨이 나왔다.

비는 꽤 오래 왔다. 나는 기초 가장자리 바닥 중 낮게 시공된 곳에 시멘트 가루를 뿌려주다가 결국 숙소에 들어와 쉬었다. 오후 6시가 되어서야 날이 개어 부랴부랴 현장에 다시 나와 토대 작업을 계속할 수 있었다. 먼저 토대인 방부목 바닥에 습기 차단을 위한 스펀지 롤인 씰실러(Sill Sealer)와 개미방지제 필름을 태커로 붙였다. 그리고 앵커 위치에 맞게 임팩 드릴로 방부목에 구멍을 뚫어 앵커 볼트에 끼우고 너트로 조여주는 토대 작업을 마무리했다. 그렇게 작업을 하다 보니 어둑어둑해진 8시 넘어서야 숙소에 올 수 있었다.

밑에 씰실러를 붙인 방부목을
앵커에 고정

방부목으로 설치한 외벽체와 내벽체 토대

이 PD의 좌충우돌 4천만 원으로 11평 시골집 짓기

수평 삼각대를 거꾸로 읽다 / 반나절 허비

—

해가 뜨자마자 새벽 5시쯤 작업 현장에 나가 어제 깔아둔 토대 위에 2×6 구조목으로 이중밑깔도리 까는 작업을 했다. 이중밑깔도리는 벽체와 토대 사이에 들어가는 구조목으로 벽체 밑 밑깔도리(플레이트) 아래 이중으로 들어간다고 해서 이중밑깔도리로 불린다. 토대를 고정하기 위해 튀어나온 너트 지점에 맞춰 구조목에 드릴로 구멍을 뚫어 토대와 잘 포개지도록 올려놓고 못총으로 고정을 했다.

이중밑깔도리 작업을 거의 다 했을 때 쯤인 9시쯤 목수아카데미 동기인 주 박사와 김 부장이 도착했다. 주 박사는 국내 한 연구소의 연구원이고, 김 부장은 인쇄업체에서 근무하는 분이다. 목수학교 동기가 먼 길을 마다하지 않고 와주니 너무도 반갑고 고마웠다. 나는 각도 톱으로 벽체 만들 자재를 치수에 맞게 자르는 작업을 해야 했기에 그동안 두 사람에게 토대가 잘 설치되었는지 외삼촌에게 빌려온 삼각수평계를 주며 위치별 높이를 측정해달라고 했다.

두 사람이 오자 나도 힘이 나서 일에 속도를 붙여나갔는데 벽체의 위 아

3. 벽체 세우기부터 지붕 완공까지

래 부분인 플레이트와 기둥인 스터드를 각도 톱으로 자르느라 돌아볼 틈도 없었다. 스터드는 같은 길이로 여러 개가 필요했는데 일일이 자를 재지 않아도 되도록 각도 톱에 설치된 작업대 위에 치수에 맞게 나무 조각을 대고 나사 못으로 고정시킨 후 목재를 올려 자르니 여러 개를 같은 크기로 빠르게 자를 수 있었다. 현장에서는 그렇게 부목 대는 걸 지그(Jig) 댄다고 했다.

그런데 삼각 수평계로 측량하던 두 사람은 내가 수평계를 거꾸로 읽어서 높은 곳에 시멘트 가루를 뿌려 편차를 오히려 더 크게 했다는 걸 알려주었다. 기초공사를 마치고 가장자리를 돌아가며 바닥 수평을 쟀을 때 높이 편차는 2cm 내외였다. 목조주택이 발달한 북미에선 기초 바닥의 코너별 높이 편차가 1인치(2.54cm)까지는 허용이 된다고 배웠는데 기초의 높이 편차가 2cm였으니 비교적 기초공사를 잘한 것이었다. 그런데 내가 삼각 수평계를 잘못 읽어 낮은 곳에 시멘트 가루를 뿌린다는 것이 오히려 높은 곳에 시멘트 가루를 뿌려 편차를 키운 것이다.

삼각수평계를 고정한 뒤 코너별로 자를 세워놓고 수평계 망원경으로 보면 바닥이 높으면 밑에서부터 눈금이 시작되는 자의 수치가 작아지고 기초가 낮으면 자의 수치가 커진다. 그런데 나는 자의 수치가 큰 곳이 바닥이 높다고 잘못 생각했던 것이다.

그래서 두 사람은 부랴부랴 이중밑깔도리에서 못을 뽑고 앵커 너트를 풀어 토대 밑에 시멘트를 제거하는 작업을 해야 했다. 수평계를 잘못 읽는 것은 초보자에게 흔히 발생하는 실수다. 하지만 기초 수평이 잘못되면 건물이 기울어지기 때문에 기본적이지만 아주 중요한 작업이다. 학원에

삼각 수평계로 바닥 높이를 혼자 측량함.
멀리 앵커에 묶어둔 측량자가 보임

서 배웠는데 내가 왜 그랬을까 어처구니가 없었다. 마음이 급해서 그랬나 첫 시작부터 이게 뭐람. 아무튼 수평계를 거꾸로 잘못 읽는 바람에 소중한 반나절을 그냥 허비해야만 했다.

오후에 주 박사는 내가 잘라준 벽체 위 아래 깔도리, 즉 플레이트에 스터드와 문 등이 들어갈 곳을 설계도를 보며 연필로 그리는 레이아웃 작업을 했고 김 부장은 각 벽체의 한쪽 끝에 들어가는 코너 4개를 만드는 작업을 했다. 코너는 목재 3장과 목재 사이마다 합판 2장을 겹쳐 못총으로 결합하는 벽체의 끝부분 굵은 기둥이라고 할 수 있는데 2×6 목재가 두껍고 무거워서 코너 만드는 작업이 쉽지는 않았다. 그렇게 두 사람과 함께 하루 작업을 마치고 면소재지 식당에 가서 전골 찌개를 포장해 와 숙소에서 즐거운 저녁 시간을 가졌다.

벽체 세우기 시작

나는 마음이 급해 새벽 5시쯤 날이 밝자마자 두 사람은 더 자게 두고 혼자 나왔다. 건축 현장에 와서 벽체 만들 목재 자르는 작업을 서둘렀다. 한창 작업하는 중인데 고맙게도 두 사람도 일찍이 나왔다. 우리는 함께 컵라면으로 아침을 때웠는데 멀리 와준 분들에게 식사를 변변히 대접하지 못해 미안했지만 모든 것이 제대로 갖춰지지 않은 작업 현장에서는 도리가 없었다. 이후 각자 작업을 하고 있는데 아침 8시쯤 목수아카데미 동기인 구 국장도 도착했다. 구 국장은 공무원 정년퇴직하신 분으로 우리는 우연히 같은 3조 원으로 활동하면서 가까워졌다. 그렇게 모두 3명의 목수학교 동기가 오니 힘이 솟았고 작업에도 속도가 붙었다.

나는 1번~4번 벽체에 들어갈 자재를 치수에 맞게 계속 잘랐고 세 사람은 벽체 만드는 작업을 시작했다. 주 박사가 그려놓은 플레이트 두 개를 기초 바닥 위에 벌려놓고 그 사이에 기둥이 될 스터드와 코너를 배치하고 못총으로 플레이트에 박아서 벽체를 만들었다. 구조재로 벽체를 다 만들고 나서 외벽에 합판도 고정했다. 그렇게 벽체를 만드니 각각의 무게도 상당해서 여러 사람이 함께 들지 않으면 세우기도 힘들 만큼 무거웠다. 우리는 다 같이 달려들어 먼저 1번 벽체의 절반인 1-1번 벽체를 세웠다. 밑깔도리를 바닥의 이중밑깔도리에 못총으로 박아 고정하고 벽체가 쓰러지지 않도록 부목을 비스듬히 댓다가 잠시 후 3번 벽체를 세우고 1-1번 벽체 코너에 맞물려 안정을 시켰다. 드디어 벽체가 올라가니 집 짓는다는 게 실감이 났다.

처음 세운 1-1 벽체에서 기념 촬영

3번 벽체를 세워 1-1번 벽체와 결합함

3. 벽체 세우기부터 지붕 완공까지

오후에는 2-1번 벽체를 세워 벽체끼리 디귿 자(ㄷ)가 되게 했고, 안방 내 벽체까지 세워 미음 자(ㅁ)로 벽체를 고정하니 바람이 불어도 흔들리지 않을 만큼 튼튼해졌다. 그렇게 하루종일 일하다 월요일인 내일 출근해야 하는 주 박사와 김 부장은 오후 늦게 돌아갔고 구 국장과 둘이 남아 나머지 벽체 만드는 작업을 조금 더 하다가 숙소로 갔다.

동기들과 함께 첫날 작업을 마무리한 모습

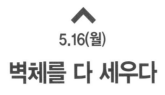

5.16(월)

벽체를 다 세우다

—

　현장에 온 지 4일째, 해 뜨자마자 현장에 나와 저녁까지 일을 해온 나는 지쳐갔다. 그런데 고맙게도 구 선배가 에너지 넘치게 도와주어서 일을 계속할 수 있었다. 결국 나머지 벽체를 모두 세울 수 있었다. 어제처럼 벽체를 모두 조립하면 둘이서 들어 세우기에 너무 무거워서 문과 창문 구조 그리고 합판을 붙이지 않은 상태로 위 아래 깔도리와 스터드와 코너만 결합해 먼저 세웠다. 그 뒤에 창문과 문 구조를 끼워 넣고, 이후 외벽에 12mm 합판을 붙이는 방식으로 일을 했다.

　벽체를 세운 뒤 코너 부분에서 꺾어지는 벽체와 벽체를 서로 단단히 연결할 수 있도록 벽체 윗부분에 구조재를 하나 더 엇갈리게 붙여 못총으로 고정시켰다. 그걸 이중윗깔도리, 즉 캡플레이트라고 한다. 앞집에 사시는 우종문 씨가 구경하러 왔다가 벽체와 벽체를 연결하는 이중윗깔도리 작업을 보고 1mm도 안 틀린다고 감탄했다. 구경하러 오셨다가 벽체 세우는 일을 도와주신 우종문 씨와 함께 셋이서 면 소재지에 나가서 찌개에 막걸리 한잔을 곁들여 점심을 먹고 돌아왔다. 이후 세워진 벽체에 합판을 붙이는 작업을 했다. 원래는 벽체가 누워있는 상태에서 합판을 붙이면 못 박기도 더 수월한데 세워놓고 합판을 붙이고 못총을 쏘자니 힘들었다.

합판의 크기는 가로 세로 4×8 피트다. 1피트는 12인치라서 4피트는 48인치다. 16인치 간격으로 스터드를 세우면 3번째 스터드가 48인치 위치다. 그래서 두 장의 합판을 스터드 폭 위에서 반씩 붙여서 박아 합판 사이에 빈 틈이 없도록 했다. 합판은 벽체 안쪽엔 10mm, 벽체 바깥쪽엔 12mm 두께를 붙였는데 12mm 두께의 4×8 합판은 혼자 들기에 버거울 정도로 무겁다. 그걸 들어 스터드 기둥에 맞게 붙이는 작업을 오후 늦게까지 하니 나는 점점 에너지가 방전되어 갔다.

작업을 마치고 구 국장과 면 소재지에서 해장국을 먹고 숙소로 오니 핸드폰이 보이질 않았다. 구 국장 전화로 내 핸드폰에 전화를 하니 파출소에 분실 신고되어 있다고 했다. 나는 다시 면사무소 파출소로 가서 내 핸드폰을 찾았다. 학생들이 길에서 주워서 신고를 했다는 것이다. 고향 마을 인심이 참 좋게 느껴져 기분이 좋았다. 숙소에서 깊은 잠에 빠져들었다.

벽체를 먼저 세우고 창틀과 합판을 붙임

안쪽에서 본 1번 벽체와 화장실 내벽체

구자열 선배와 둘이서 나머지 벽체를 완성함

3. 벽체 세우기부터 지붕 완공까지

5.17(화)
천장 장선, 스트롱 백 설치 /
도와주러 오신 분 눈에 티끌이 들어가다

—

　아침에 샤워하던 구 국장이 갑자기 눈에 뭔가 들어갔다며 꼼짝하지 못했다. 일 도우러 왔다가 다치면 안되는데 하는 생각에 몹시 걱정이 되었다. 목조주택 공사 현장엔 톱밥 같은 부스러기가 많이 날리는데 눈 주위에 붙어있던 작은 나뭇조각이 샤워하다 눈 속에 깊이 박혀서 나오질 않는 것이었다. 검색해보니 의성 읍내에 안과가 있는데 9시에 문을 연다고 나왔다. 우리는 병원 문 여는 시간에 맞춰 가기로 하고 그사이에도 나는 천장 장선 자르는 작업을 했고 구 선배는 차 안에 꼼짝 못 하고 누워 있었다.

　8시 조금 지나 구 선배를 태우고 의성읍 안과에 가니 핀셋으로 눈에 들어간 티끌 하나를 간단히 꺼내주었다. 고통은 사라지고 눈은 깔끔하게 나았다고 했다. 정말 다행이었다. 공사현장에서 누군가 다치면 그게 정말 큰일이다. 우리는 다시 다 세워진 벽체 위에 천장 구조물인 장선(조이스트 Joist)을 설치하는 작업을 했다. 1번 벽체와 2변 벽체 위에 2×6 장선 17개를 2피트 간격으로 걸쳐놓고 못총으로 벽체에 박았다. 이후 장선이 튼튼하게 고정될 수 있도록 장선 위 가운데 부분에 2×6와 2×4를 ㄴ 자로 결합해 만든 긴 스트롱 백을 가로로 놓고 못총으로 결합해 천장 구조물을 완성했다. 작업은 오후 2시쯤 마무리되었다.

천장에 올라가서 아래를 보면 아찔할 정도로 높다. 나는 구 선배는 올라오지 못하도록 하고 혼자 올라가 작업을 했는데 먼저 천장 구조물 위에 올라설 수 있도록 장선과 장선 사이에 자투리 합판을 임시로 설치해 발판을 만들었다. 합판이 부서지거나 발을 잘못 딛기라도 하면 상당히 위험하다. 따라서 안전에 무척 신경을 써야만 했다. 보통 지붕과 천장 작업을 하기 위해서는 벽체 둘레에 임시 안전 발판인 비계를 빙 둘러 설치한다. 다만 둘레를 모두 고정식 비계로 설치하거나 전동 비계 리프트를 사용하면 비용이 더 들어가기 때문에 개인 공사에서는 비계설치를 완벽하게 하지 않는 경우도 있다.

나의 경우도 기초공사를 했던 업체에서 비계 2세트를 무상으로 빌려줘서 그걸 사용했는데 두 개를 이리저리 옮겨가면서 하자니 힘들었고 사실 좀 위험했다. 그래서 천장과 지붕 공사를 모두 마칠 때까지는 무척 긴장해야 했다. 비록 나는 두 개의 비계로 지붕 공사를 했지만 안전시설은 비용을 조금 더 들이더라도 꼼꼼하게 챙기는 게 좋을 것 같다. 장선과 스트롱 백 설치를 하는데 마침 군청에서 위탁받아 안전을 점검한다는 업체에서 나와 몇 가지 현장 점검을 하고 체크된 서류에 사인을 해달라고 해서 사인해주었다.

공사 시작하고 5일 만에 벽체와 천장 구조물까지 설치 마감했다. 무엇보다 도와주러 먼 길을 달려온 목수아카데미 동기들이 큰 힘이 되었다. 작은 인연이지만 집 짓는 일에 함께 해준 분들이 있어 든든했다. 5일간 나는 새벽부터 밤까지 열심히 일했다. 집이 잘 지어질지 심적 부담도 컸고 몸도 다소 무리를 했다. 입술이 다 트고 강렬한 5월의 햇살에 얼굴은 검게 탔다. 집에 오니 허리고 어디고 결리지 않는 곳이 없었는데 공사 현장에 있을 때는 정말 아픈 걸 느끼지 못했다. 아마도 아드레날린이 분출했기 때문이 아닌가 생각한다. 오후 2시 작업을 마치고 점심으로 시원한 냉면을 사 먹고 구 국장은 대전으로 나는 세종집으로 향했다.

장선 위에 설치한 스트롱 백과 임시 발판

공사 첫주 5일 만에 벽체를 완성한 모습

이 PD의 좌충우돌 4천만 원으로 11평 시골집 짓기

5.20(금)
두 번째 주말

—

　3일간 방송일을 하고 다시 고향집 현장으로 향했다. 오늘 오전에는 생방송을 했고 이후 목수아카데미에 가서 홍인표 원장과 점심을 함께 먹었다. 식사를 하며 지난 주까지의 공정에 대해 설명하고 상담을 받았다. 식사 후 학원 창고에 있던 벌레망 철망을 얻었다. 철망은 지붕 제일 윗부분 릿지 벤트(Ridge Vent), 즉 용마루 환풍구에 붙일 벌레망인데 어디에서 구입하는지 몰라 물었더니 학원에서 사용하다 남은 것을 그냥 주었다. 또 2×4인치 자투리 목재도 좀 얻었다. 벽체 위 서까래와 서까래 사이에 끼워 넣을 블로킹(Blocking) 목재가 부족했기 때문이다.

　나는 승용차에 2×4인치 자투리 목재 30개를 가득 싣고 학원을 떠나왔다. 세종 집에 오니 타정기, 즉 못총에 사용할 타정기못이 도착해 있었다. 지난 주 벽체를 세우는 동안 구조재용 83mm와 합판용 65mm 각 1박스를 거의 다 소진했기 때문에 인터넷에서 구입했다. 나는 너무 더워서 잠시 쉬다가 오후 4시쯤 출발해 고향 현장에 5시40분쯤 도착했다.

　도착해 제일 먼저 식수를 옆집 냉장창고에 넣어두었다. 고맙게도 냉수를 먹을 수 있도록 냉장창고를 사용하라고 하셨는데 더운 여름에 큰 도움이 되었다. 나는 집에 올 때마다 대형 마트에 가서 작은 페트병에 든 식수 1상자를 사와 그 댁 냉장창고에 넣어두었다. 5월인데도 벌써 더워서 땀을 많이 흘리니까 물을 벌컥벌컥 마셨는데 한 번에 한 병씩 마시기도 했다.

도착해서 아직 날이 훤할 때 장선 하나를 추가로 설치해 모두 18개가 되도록 했다. 당초에는 간격이 좁은 곳 한 군데를 빼놓았는데 3일간 세종에서 지난 공정을 되돌아보니 간격이 좁은 곳도 설계대로 하나 더 설치하는 게 좋겠다는 생각이 들었던 것이다. 주말에 작업을 하고 주중에 쉬면서 그간의 공정을 돌이켜보는 과정이 있었던 게 좋았다. '아 그걸 그렇게 하지말고 이렇게 할걸'하는 생각이 불현듯 떠오르곤 했다.

주중에 생각한 대로 장선 하나를 추가해놓고 서까래 자르는 작업을 시작했다. 지붕경사는 가로 2, 세로 1의 경사로 톱의 각도를 26.57도에 맞춰 서까래 면을 절단했다. 2×6인치 구조재로 모두 40개 서까래를 잘라놓으니 밤 8시 30분 가까이 되어 어두웠다. 아쉽지만 일을 접고 마을에서 빌려준 숙소에 왔다. 앞으로 며칠간 지붕 작업을 무사히 마치기를 바라는 마음으로 잠이 들었다.

〈못총용 타정기못 구입 : 82,500원〉
구조재 결합용 3.1×83mm, 구조재와 합판 결합용 2.9×65mm 각 1박스(2000ea)

용마루와 서까래로 지붕 구조 완성

—

아침 6시부터 나와 잘라둔 서까래에 버드 마우스(Bird Mouth) 파는 작업을 했다. 버드 마우스는 서까래를 벽체에 걸치기 위해 벽체 윗부분 측면에 꼭 맞게 끼우는 부분으로 위치를 잘 계산해서 톱으로 파내야 한다. 한창 작업 중인데 오전 8시쯤 상수도 설치 업체에서 와서 땅을 파고 수도관 놓는 작업을 했다. 계량기 위치는 처음 지정했던 곳보다 10미터는 더 위쪽으로 잡았지만 추가 비용 없이 작업을 해주었다.

상수도를 설치하는 중에 목수학교 동기인 주 박사가 지난 주말에 이어 현장에 왔다. 고마움은 이루 말할 수 없었다. 나는 버드 마우스 자르는 작업을 하고 있었다고 설명해주고 함께 서까래 만드는 작업을 완성했다. 이후 서까래를 고정할 용마루도 잘라놓고 주 박사와 지붕 올리는 작업을 진행하고 있는데 12시쯤 아내와 큰딸이 현장에 도착했다. 둘은 현장이 궁금하고 걱정도 되어 살펴보러 온 것이다.

수도 설비 작업자 3명과 함께 우리는 면사무소에 있는 식당에 가서 점심을 먹었다. 7명 식비는 5만 원 가량 나왔다. 아내는 마을 부녀회장 등 동네

수도관 설치를 위해 땅을 파는 모습   계량기에서 기초공사 때 묻어둔 수도관과 연결

분들과 인사를 나누고 인사차 떡을 어떻게 돌릴지 상의하고 집으로 돌아갔다. 부녀회장은 지금 마을 사람들은 한창 모심기로 바쁘고 또 나도 집 짓느라 바쁠 테니 집을 다 짓고 떡을 돌리라고 했다고 한다.

오후 들어 본격적으로 주 박사와 용마루, 서까래 올리는 작업을 했다. 집의 길이가 10미터 정도라서 용마루도 그 길이인데, 10m 되는 2×8인치 용마루를 연결해서 한 번에 들어 올리는 것은 무리였기 때문에 12피트(3.66m) 길이의 용마루 3개를 나누어 올렸다. 먼저 한쪽 끝에서부터 벽체에 서까래 버드 마우스 부분을 못총으로 고정하고 서까래 윗부분을 용마루에 좌우로 박아가면서 용마루와 서까래를 세워나갔다.

처음에는 엉성한 듯 흔들거렸지만 점차 모양과 자리를 잡았다. 마룻대인 용마루 3개를 차례로 연결해 모두 올리고 난 후 벽체 위 버드 마우스

서까래를 버드 마우스에 맞춰 올려놓는 모습

와 버드 마우스 사이에 2×4인치 목재로 블로킹(Blocking)을 끼워 박았다. 그때 블로킹과 함께 서까래와 장선, 서까래와 벽체를 못총으로 단단히 고정시켰다. 서까래 사이에 블로킹을 끼우며 단단히 고정하자 용마루와 서까래, 장선으로 이뤄진 지붕 위 삼각 구조물이 튼튼하게 완성되었다. 이제 무거운 합판과 지붕 마감재를 올려도 될 정도로 견고했다.

저녁 5시쯤 상수도 설비업체 일행은 수도관 설치 작업을 모두 마치고 돌아갔다. 고맙게도 포클레인 기사는 지붕 마감재인 아스팔트 슁글을 비계 위에 올려주고 갔다. 무거운 자재라 거기까지 올려준 것도 큰 도움이 되었다. 용마루와 서까래를 올리니 기분이 너무 좋아 면소재지 식당에 가서 곱창전골을 숙소로 포장해와 막걸리와 함께 즐겁게 먹었다. 흐뭇하고 고맙고 기분 좋은 날이었다.

용마루와 서까래를 세우고 블로킹 끼우는 모습

견고하게 완성된 지붕 위 삼각 구조물

지붕 합판을 올리다

—

아침 일찍 현장으로 나와 어제 만든 용마루와 서까래, 그리고 천장 장선이 하나 된 골조 위에 지붕 올리는 작업을 시작했다. 먼저 양쪽 20개 서까래 아랫면에 2×6인치 구조재를 길게 박아 지붕 테두리를 만들었다. 이렇게 서까래 아랫면끼리 구조목으로 체결해주면 서까래 구조물은 더욱 고정되는 효과가 있다. 또한 방수재인 페이샤 보드(Fascia Board)를 그 위에 박아 마감할 수 있기 때문에 그 구조목을 서브 페이샤(Sub Fascia)라고 부른다. 서브 페이샤 설치 이후 합판을 지붕에 올리는 작업을 했다.

12mm 합판을 지붕 구조에 맞게 자르고 지붕 위에 올려 못총으로 고정하는 작업이었다. 장선과 마찬가지로 서까래도 2피트 간격으로 설치되었기 때문에 4×8 피트 크기의 합판은 벽체 스터드에서처럼 서까래 폭 중간에서 두 개의 합판을 붙여 고정시켰다. 안전을 위해서도 이 공정은 매우 중요하다. 합판 끝부분이 서까래에 걸쳐져 있지 않으면 합판이 주저앉을 수도 있고 사람이 올라가거나 무거운 자재를 올렸을 때 빠질 수도 있기 때문이다. 따라서 서까래에 합판 올리는 작업은 매우 신경을 쓰며 해야 했다.

게다가 안전발판인 비계가 2세트 밖에 없어서 주 박사와 함께 비계를 옮겨가며 합판을 올려야 했는데, 합판이 무겁고 들기가 어려워 무척 힘들었다. 그러다가 합판 가운데 부분을 끈으로 묶어 한 사람이 위에서 당겨 올리니 그래도 조금은 수월했다. 주 박사가 도와준 덕분에 합판 20장을 모두 올릴 수 있었다. 합판을 다 올린 후에는 용마루를 지탱하는 박공 스터드를 3, 4번 벽체 가운데 위에 세웠다.

어제, 오늘 무척이나 힘들고 위험하기도 한 작업을 도와주고 주 박사는 세종으로 돌아갔다. 험한 일을 자기 일처럼 도와주는 사람이 있다는 게 너무도 고맙고 미안했다. 주 박사가 가고 나는 너무 힘들어 조금 일찍 숙소에 오니 숙소 옆집 아저씨가 오늘은 해가 아직 밝은데 일찍 들어온다며 웃었다. 나는 너무 힘들어서 그렇다 하고 숙소 잘 이용하고 있다며 감사를 표했다.

서브 페이샤 시공 후 지붕 합판을 원형톱으로 자름

지붕 합판을 올리고 못총으로 박는 모습

지붕 합판 공사를 마무리하고 기념 촬영

3. 벽체 세우기부터 지붕 완공까지

박공 스터드, 페이샤 보드 작업

ㅡ

어제 지붕에 합판 덮는 작업을 해서 힘들었던지 정신없이 자고 일어나 현장에 나왔다. 임시 숙소에서 처음으로 숙면을 했다. 오늘은 혼자라 할 수 있는 작업은 한계가 있었다. 그래도 지붕 마감재인 아스팔트 슁글을 올리기 위해서는 꼭 필요한 일이 있었다. 먼저 어제 설치한 3, 4번 벽체 중간 박공 스터드 양옆으로 작은 스터드를 두 개씩 설치해 지붕을 지탱하는 보조 역할을 하도록 했다. 서까래와 맞붙는 박공 윗면의 기울기는 양쪽으로 나눠서 잘라야 했는데 한쪽 기울기로만 잘랐다가 절반을 다시 자르는 실수도 있었지만 박공 스터드를 세우고 지붕 밑 삼각형 부분 벽에도 합판을 잘라 붙였다.

점심은 앞집에서 국수를 대접받았다. 그런데 식사 중에 4년 전 불의의 사고로 큰아들을 잃었다는 슬픈 이야기를 들려주어서 크게 놀랐다. 나는 진심으로 위로해드렸다. 서로의 아픔을 함께 할 때 비로서 이웃이 되는 것 아니겠는가. 그 댁의 아픈 사연을 들려줌으로써 나를 마을의 일원으로 받아주는 것 같았다.

오후에는 서브 페이샤 위에 마감재인 페이샤 보드를 혼자 붙였는데 시멘트 재질의 판이라서 무척 무거웠다. 그리고 단단해서 태커로도 박히지 않아 임시 고정도 할 수 없었다. 구멍을 미리 뚫어놓고 피스로 고정을 해야 했기 때문에 무거워서 작업하기 힘들었다. 한 장은 겨우 붙였는데 더는 어찌해볼 수 없어서 옆 마을에 사는 이종 사촌동생에게 도와달라고 하니 바로 와주었다. 둘이서 페이샤 보드를 들고 겨우 임팩 드릴로 피스를 박아 고정시킬 수 있었다. 1, 2번 벽체 서브 페이샤 위에 페이샤 보드를 모두 붙일 수 있었다. 나는 고마워서 사촌동생과 저녁을 함께 먹었다

3. 4번 벽체 가운데 세운 박공 스터드 모습

3. 벽체 세우기부터 지붕 완공까지

〈시골 마을 이웃들과 잘지내기〉

고향마을 10여 호 가구 중 절반 가까이는 일가다. 촌수로는 9촌 아저씨나 10촌 형제뻘 되시는 먼 친척들이다. 그래도 나는 이곳이 고향이고 친척분들도 많아서 비교적 이웃과 별 어려움 없이 지낼 수 있었다. 다만, 처음에는 고향 마을 분들도 매우 조심스럽게 대하신다는 느낌을 받았다. 도시에서처럼 쉽게 이사 갈 수도 없는 붙박이 이웃들이기 때문에 이웃과의 관계도 매우 조심스럽다고 느꼈다. 그런 점에서 컨테이너 하우스를 불쑥 들여놓지 않고 몇 개월 간 집 짓는 과정이 있었던 게 도움이 된 것 같다. 집 짓는 동안 마을 분들도 나를 지켜보고 서로 익혀가는 과정이 있었기에 고향에 스며들 듯 잘 지낼 수 있었던 것 같다. 내 경험으로는 이웃의 이야기를 잘 들어주는 것이 중요하다. 특히 그 댁의 애경사를 들려줄 때 함께 공감하고 진심으로 기쁨과 슬픔을 나누어야 한다. 그것만으로도 충분히 가까운 이웃이 될 수 있기 때문이다.

5.24(화)

빗물 차단 후레싱

—

　아침 일찍 일어나 주섬주섬 숙소를 정리하고 짐을 챙겨 나왔다. 이제 한여름 날씨다. 나는 일을 서둘러 한낮 더위가 시작되기 전에 지붕 양쪽 박공 서까래 옆면에 마감재인 페이샤 보드를 붙였다. 다행히 서까래 페이샤는 어제 작업한 처마쪽 페이샤보다는 작아서 혼자 작업을 할 수 있었다. 이후 지붕 둘레에 후레싱(Flashing) 설치 작업을 했다. 후레싱은 지붕 둘레 끝을 덮어 건물 외부에서 스며드는 빗물을 방지하도록 설치하는 금속판 마감 자재를 말한다. 나는 금속 재질의 후레싱을 지붕 사이즈에 맞게 잘라 지붕 끝부분에 설치하는 작업을 했다.

　점심 때가 가까워지니 일하기 힘들 정도로 더웠다. 그래도 지붕에 합판을 씌워 그늘이 졌기 때문에 실내에 들어오면 시원했다. 나는 실내에서 후레싱을 재단하고 있는데 승용차 한 대가 마당으로 들어왔다. 누군가 했더니 이종사촌 동생 내외가 차에서 내려 인사를 한다. 고모도 함께 내려 셋이서 공사 현장도 둘러봤다. 사촌동생과 오랜만에 대화하니 좋았다. 고향에 집을 짓는 게 그런 의미 아니겠는가. 그동안 소원했던 친척들도 다시 만날 수 있으니 말이다. 사촌동생은 내 몰골을 보며 평생 펜대 잡던 사람이 딱하다며 차에 있던 이온 음료를 꺼내주었다. 사촌동생은 기분 좋게 떠나갔다. 지붕 테두리에 페이샤 보드를 붙이고 그 위쪽으로 후레싱을 돌리니 지붕 가장자리 단면이 깨끗해졌다.

이제 지붕만 덮으면 지붕공사는 완공이다. 장마 전에 지붕공사를 마치면 한결 마음 편한 상태가 될 것이다. 나는 후레싱 작업을 마치고 세종시로 출발했다. 더웠고 피곤해서 운전 중에 졸음이 밀려와 휴게소에서 벤치에 누워 쉬다가 집에 오니 강아지가 반겨주었다.

페이샤 보드와 후레싱으로 마감해 깔끔해진 지붕

〈친척과 다시 화목하게 지내기〉

가까운 고향 일가친척들은 대개 1960년대 말에 상경했다. 뒤늦게 상경한 분들은 먼저 상경해 자리 잡은 분들의 일을 중심으로 비슷한 일에 종사하셨는데, 같은 분야에서 경쟁적으로 일을 하셔서 그랬는지 가족 간 불화가 종종 발생했다. 아버님 형제도 각자 독립하면서 형제간 불화가 있었다. 사촌 간도 서먹해졌고 자연히 왕래도 뜸해졌다.

이번에 고향에 집을 지으면서 친척 간 불화를 극복해보고 싶은 마음이 있었다. 어느 날 마을 어른에게 집안에 그런 안 좋은 일이 있다며 속마음을 털어놓으니, 그분은 '집마다 안 그런 집이 없다'고 말씀하셨다. 그런데 이상하게도 그 말이 위안이 되었다. 아마도 도시화 시대의 경제 성장기를 거치며 가족 간 불화는 집집마다의 드러나지 않은 상처인 것 같았다. 이제 우리 세대에는 다시 화해하고 예전 시골 마을에서처럼 우애 있고 화목하게 지냈으면 좋겠다. 고향에 집을 짓고 나면 친척분들도 편하게 고향을 방문해서 즐거운 시간을 갖기를 바란다.

—

공사 시작하고 세 번째 주말이다. 주중에 방송일을 하고 금요일 오후에 다시 고향집 공사현장으로 향했다. 어제 밤 잠은 충분히 잔 것 같은데 피로가 완전히 풀리지는 않았다. 이번 주말에는 지붕 마감재인 아스팔트 싱글을 올려 지붕공사를 마무리할 계획이다. 오늘은 오전에 방송을 마치고 직원들과 점심을 먹고 운전해 오는데 중간에 졸려서 혼났다. 고속도로 휴게소에 차를 대놓고 한숨 푹 잤다. 노루잠이었지만 그 덕에 무사히 고향까지 올 수 있었다. 고향에 도착하니 오후 3시가 지났다.

나는 먼저 지붕에 올라가 용마루 옆으로 길게 합판을 뚫어 만든 환풍구에 안전 로프를 넣어 용마루 양쪽에 묶었다. 지붕 공사는 아무래도 높이에 대한 부담감이 있고, 추락하면 큰 사고가 나기 때문에 안전장치를 먼저 설치한 것이다. 용마루 양쪽 끝에 안전 로프를 길게 묶어 두고 거기에 내가 입는 안전벨트의 고리를 걸면 추락하는 것을 방지할 수 있다. 나는 안전벨트를 차고 합판 위 지붕을 다니면서 서까래에 못이 잘못 박힌 곳을 찾아 다시 못을 박았다. 그리고 합판에 오웬스코닝 방수시트 덮는 작업을 했다. 혼자 할 수 없는 일이었기에 다시 옆마을 사는 이종 사촌동생에게 도와 달라고 부탁했다. 사촌동생이 비계에 올라 방수포 끝부분을 지붕 끝부분에 맞춰 잡고 있으면 내가 지붕 위에서 방수시트를 옆으로 굴려 가며 합판을 덮어 나갔다. 방수시트 밑은 끈적한 접착 성분으로 되어 있어서 쉽게 잘 붙었는데 시트 위를 태커(1022)로 고정했다.

사촌동생이 비계에 올라 방수시트를 잡아 준 덕분에 방수시트 6개를 무사히 지붕에 다 덮을 수 있었다. 첫 번째 방수시트를 덮을 때는 방법도 터득하지 못했고 바람도 심하게 불어 중간에 펼쳐진 방수포가 날아가기도 했다. 그래서 첫 번째 방수포는 좀 삐뚤게 붙였지만 두 번째 부터는 작업방법을 터득해서 반듯하게 울지 않고 평평하게 덮을 수 있었다. 5개를 모두 펼쳐 덮고 나머지 1개를 빈 곳에 때워 붙이는 방법으로 지붕면을 모두 덮으니 방수포 1/3 롤 정도가 남았다. 저녁 7시쯤 사촌동생이 경운기를 타고 돌아갈 때 나는 지붕 위에서 손을 흔들며 배웅했다.

이후 주변을 정리하고 숙소로 왔다. 내일은 마음이 급하더라도 먼저 먹줄을 팅기고 나서 작업을 해야겠다고 생각했다. 지붕에 합판과 방수포 붙이는 작업을 해보니 기준선이 없으면 반듯하게 붙이기가 쉽지 않았기 때문이다. 그래서 시간이 걸리더라도 기준선을 먼저 긋고 지붕재를 붙이는게 오히려 더 빠른 방법이 아닌가 생각되었다. 아스팔트 슁글 간의 간격을 유지할 수 있도록 위 아래 간격을 맞추는 지그(Jig)를 목재로 만들어 대고 붙일까도 생각했지만, 시간도 오래 걸리고 한번 삐뚤어지면 바로 잡기도 어려울 것 같아 그만두었다. 내일은 기온이 32도까지 올라간다고 한다. 무더위와도 싸워야 한다. 집 한 채 갖는 게 어디 쉽겠는가. 오늘 푹 자고 내일 안전하게 작업을 해나가자고 다짐했다.

〈안전벨트 구입비용 : 45,000원〉

〈안전 로프 구입비용 : 20,000원〉 화물 적재함 결박용 로프

처음 붙인 맨 아래 방수시트는 잘 붙이지 못함

부족한 아스팔트 슁글

—

지붕공사를 앞두고 어제 잠을 잘 이루지 못했다. 높은 곳에서 혼자 일한다는 것이 상당히 부담되었고 걱정되었다. 결국 밤새 뒤척이다 해 뜨자마자 바로 현장에 나와 일을 시작했다. 먼저 지붕에 올라 안전벨트 고리를 용마루에 묶어둔 안전 로프에 걸고 작업을 시작했다. 줄자로 위치를 체크해 놓고 매직펜으로 아스팔트 슁글 붙일 위치에 기준선을 그었다. 그 작업이 한 두 시간 걸렸지만 기준을 잡아놓고 일을 하니 좋았다. 아스팔트 슁글을 한 장씩 올려 못으로 박을 때 가끔 기준선을 보고 작업을 할 수 있어서 도움이 됐다.

아스팔트 슁글은 두 장을 두껍게 붙인 이중슁글과 한 장짜리인 일반슁글 두 가지가 있는데 일반슁글은 지붕 테두리와 용마루 꼭대기 부분에 사용된다. 슁글 밑부분은 방수시트와 마찬가지로 강한 접착 성분으로 되어 있다. 나는 기준선 긋는 작업을 마치고 일반슁글로 지붕 테두리를 덮었다. 이후 이중슁글로 다시 지붕 아래 끝부분에서부터 용마루 부분까지 한 줄씩 겹쳐 붙여 비가 새지 않도록 했다. 나는 망치로 이중슁글을 한 장씩 박아나갔는데 슁글 한 장당 루핑못 3개씩 못질했다. 생각보다 시간이 오래 걸렸다. 슁글을 한 장씩 붙여 대략 12~13개를 박으면 한 줄이 되었는데 지붕 한 면에 16줄의 슁글을 망치로 박아야 했기 때문에 오래 걸릴 수밖에 없었다. 게다가 한낮의 태양은 내리쬐고 높은 곳에서 일하니 한순간도 긴장을 늦출 수 없어서 더욱 힘든 작업이었다. 지붕 위 땡볕에서 일하니 갈증이 심하게 나서 점심엔 냉면 국물을 들이켰다.

그런데 슁글을 붙이면서 보니 자재 물량을 잘못 산정한 것 같았다. 한 장짜리 일반슁글은 많이 남았지만 두 장짜리 이중슁글은 많이 부족했다. 목재상 이 부장에게 연락하니 누가 자재를 산정했냐고 오히려 물었다. 자재 선적을 여러 곳에서 해서 중간에 착오가 있었던 것 같다. 나는 맥이 빠졌다. 지붕 위에서 긴장하며 하는 작업은 오늘 마무리하려고 했는데 이중슁글이 부족해 자재가 되는 데까지 할 수밖에 없었다.

저녁이 되니 피곤도 하여 숙소에 가서 막걸리라도 마실 생각이었는데 마침 앞집에서 한잔 하자고 했다. 아들 내외도 있었는데 나도 끼어 즐겁게 한잔했다. 하루 종일 땡볕에서 긴장하며 일을 했기 때문에 갈증이 심했다. 맥주를 시원하게 들이켰다. 앞집 내외분은 술자리 이후 나를 숙소까지 배웅해주었다.

지붕 공사를 앞두고 긴장한 모습

용마루에 묶은 안전 로프와 방수시트에 그린 기준선

3. 벽체 세우기부터 지붕 완공까지

자재 부족으로 중단한 지붕공사

—

술을 마시고 깬 아침, 속풀이로 라면을 끓여 먹고 걸어서 집터 현장으로 왔다. 어제에 이어서 지붕에 올라가 이중싱글 붙이는 작업을 했다. 앞쪽 지붕은 다 덮을 수 있었는데 자재가 부족해서 뒤쪽 지붕은 다 덮을 수 없었다. 내일 비 소식이 있어서 나는 아스팔트싱글을 몇 장 남겨서 용마루를 덮어주었다. 혹시 비가 와도 용마루 옆으로 길게 뚫어놓은 환풍구가 젖지 않도록 한 것이다.

해가 뜨자 너무 더워서 더 이상 지붕 작업은 할 수 없었다. 그래서 처마 밑으로 들어가 서까래와 벽체를 연결하는 심슨 철물을 피스로 체결하는 작업을 했다. 서까래와 벽체는 못총으로 단단히 고정되어있는 상태지만 연결 철물을 박으면 더 확실하게 고정될 것이다. 최대한 태양을 피해가면서 철물에 피스를 박았다. 점심은 앞집에서 메밀국수를 포장해 와서 맛있게 먹었다. 종일 덥고 숙취가 있어서 힘들었다. 오후 4시쯤 나는 현장을 정리하고 세종으로 왔다.

아스팔트 슁글을 지붕 위에 올려놓음

한 장짜리 일반 슁글을 먼저 지붕 테두리에 붙임

이중 슁글이 부족해 완성하지 못하고 마무리

3. 벽체 세우기부터 지붕 완공까지

113

부족한 아스팔트 슁글을 화물차에 싣고 가다

아침에 화물차를 가지고 방송국에 출근했다. 지난 수요일 6.1 지방선거일에 경기도 하남에 있는 처가에 가서 화물차를 빌려왔다. 공사에 사용할 자재를 싣고 나르기 위해 화물차는 요긴하다. 특히 부족한 자재를 가져가야 해서 이번주에는 화물차가 필요했다. 오전에 방송을 마치고 화물차를 가지고 목재상으로 갔다. 지난번 부족했던 아스팔트 슁글 두 겹짜리 8팩과 건물 외벽 코너에 재료분리대용으로 박을 방부목 2×6인치 12피트 10개를 실으니 차가 위태로워 보였다.

재료분리대는 벽체 등 표면에 마감 작업을 할 수 있도록 마감재보다 조금 높게 붙이는 자재를 말하며 목재나 대리석 등 다양한 소재가 있다. 예를 들어 외벽에는 재료분리대인 방부목을 코너나 창문, 문틀에 높게 붙여야 그 사이에 시멘트 사이딩을 잘라 넣을 수 있고 내벽에서는 벽체 위 아래로 몰딩 자재를 높게 붙여야 그 사이에 벽지로 깔끔하게 도배할 수 있다. 나의 경우 학원에서 배운 대로 2×6 방부목을 재료분리대로 선택했는데 작업해놓고 나니 나뭇결이 잘 살아나 보기에도 좋았다.

재료분리대로 쓸 12피트 길이의 방부목 10개와 12피트 방부졸대 29개를 운전석 위로 비스듬히 실으니 화물차 무게 중심이 위쪽에 있는 것 같아서 조금 불안했다. 나는 과속하지 않고 조심스럽게 운전했다. 고속도로 운전 중에는 졸려서 휴게소에 잠시 잠을 잤다.

시골집 현장에 도착해서 화물을 내리고 바로 지붕에 올라가 이중성글 마무리 못 한 곳을 붙이는 작업을 했다. 뒤쪽 지붕 1/4 정도 남은 면적에 한 장씩 성글을 붙여서 용마루 윗부분만 남기고 아스팔트 성글 작업을 마무리했다. 이탈리아 장인이 한땀 한땀 바늘로 꿰매서 명품을 만든다는 드라마 대사처럼 성글을 한 장씩 못으로 박아 가지런하게 마무리된 지붕을 보니 명품 같았다. 나는 흐뭇하고 후련한 마음으로 숙소에 가서 잠을 청했다.

〈아스팔스쉥글(이중쉥글) 8팩 : 240,000원〉 8팩×30,000원

〈방부목(재료분리대용) : 129,600원〉 2×6×12피트 6개×21,600원

〈방부졸대(레인스크린용) : 80,000원〉 20개×4,000원

추가 구입한 이중 쉥글로 지붕을 완성　벌레망 철망을 용마루 환풍구에 붙인 모습

3. 벽체 세우기부터 지붕 완공까지

또 잘못 배달됐다고?
우여곡절 끝에 완공한 지붕 공사

—

밤새 지붕 위에서 안전벨트 없이 작업해야 한다는 부담감에 잠을 설쳤다. 어제까지 슁글을 박을 때는 용마루에 묶어둔 안전 로프에 내가 입은 안전벨트를 연결해서 추락을 방지할 수 있었다. 하지만 이제 용마루 위 환풍구를 환풍 장치인 릿지 벤트로 덮는 작업을 해야 하기 때문에 용마루에 묶어두었던 안전 로프를 풀어내야 했다. 그래서 지붕 맨 꼭대기 작업은 안전벨트 없이 해서 신경이 매우 민감한 상태로 일을 시작했다.

먼저 용마루의 안전 로프를 풀어내고 환풍구가 없는 양쪽 끝부분에 일반슁글을 박았는데 밑을 바라보니 아찔했다. 이후 한 걸음 한 걸음 주의하면서 작업을 했다. 그런데 첫 화물 배달될 때 함께 받았던 릿지 벤트를 가지고 용마루에 올라가 환풍구에 대보니 사이즈가 맞지 않았다. 생긴 모양은 비슷했지만 목수학교에서 배울 때 시공해보았던 것과도 다른 것이었다.

나는 목수아카데미 홍 원장과 목재상에 연락하고 사진을 찍어 보내주니 그들은 확인해본 뒤 그것은 릿지 벤트가 아니라 버그망이라며 잘못 배달되었다고 했다. 황당했다. 지난주에도 지붕 위에서 긴장된 상태로 일을 하다가 아스팔트 슁글이 부족해서 마무리하지 못했는데, 오늘도 또 이런 일이 생기니 황당했다. 나는 목재상에 강하게 항의하며 오늘 중에 지붕 공사를 마무리 할 수 있도록 조치해달라고 했다. 목재상에서는 실수를 인정하고 1톤 화물차로 릿지벤트를 보내준다고 했다.

오전 9시쯤 그런 일이 있고 난 뒤 낮에는 할 일이 별로 없었다. 거실 창문틀이 좀 작을 것 같아서 원형 톱으로 흠집을 내고 깎아내는 작업 등을 하며 시간을 보냈다. 한낮은 태양이 뜨거워 일을 할 수 없었고 나는 실내 공간에 합판을 깔아놓고 잠깐 낮잠도 잤다. 어젯밤 부담감에 잠을 설쳤기 때문에 달게 한숨 잤다.

오후 3시쯤 화물 배달차가 도착해 제대로 된 릿지 벤트를 받았다. 나는 오후 4시쯤부터 다시 안전벨트 없이 지붕 꼭대기에 올라가 작업을 했다. 그런데 릿지 벤트 8개 중 5개를 피스로 박았을 때 마음에 들지 않아 피스를 풀어내고 처음부터 다시 피스를 박았다. 앞쪽 지붕 윗부분에 여백이 좀 있어서 릿지 벤트로 충분히 덮어지지 않았기 때문이다. 지붕 꼭대기라서 빗물이라도 새면 안되기 때문에 나는 그 여백 부분에 다시 이중슁글을 잘라 못으로 고정하고 난 뒤에야 다시 릿지 벤트 8개를 환풍구 위에 피스로 고정했다. 그리고 검은색 플라스틱인 벤트 윗부분에 일반슁글을 붙여 지붕 모양을 완성했다. 저녁 7시쯤이었다.

잔뜩 긴장한 채 몇 시간 동안 지붕 위에서 작업을 마무리하고 땅에 내려오니 기분이 상쾌했다. 공사 시작하고 4주째 만에 지붕을 완공한 것이다. 한옥을 지을 때 용마루를 올리고나서 왜 상량식을 하는지 이해가 되었다.

정말 잔칫상이라도 펼치고 싶었고, 큰 고비 하나를 넘은 것 같은 기분이었다. 숙소에서 기분 좋게 맥주 한잔을 했다.

〈왜 상량식을 하는지 알 것 같은 기분〉

한옥을 지을 때 건물의 골조를 마무리하는 단계에서 최상부 마룻대를 올리고 상량식을 거행한다. 용마루에 상량일시 등 공사와 관련된 내용과 축원이 담긴 상량문을 기록하고 그동안의 노고를 위로하며 지붕 공사가 위험하니만큼 앞으로의 무사함을 기원한다. 그만큼 지붕 공사는 건축의 한 고비를 넘는 과정이라고 하겠다. 나도 지붕 공사를 마무리하고 나서 마음이 한결 편해졌다. 이제 비가 와도 목재가 젖을 걱정이 없게 되었고 급하게 서둘지 않아도 되었으니 상량식이라도 올리고 싶을 만큼 기분이 좋았다.

용달화물로 다시 배송받아 설치한 릿지 벤트

잘못 배달된 버그망. 사이즈가 맞이 않음

릿지 벤트 위에 일반 슁글을 붙여 지붕 완공

주말공사 4주째 지붕 공사를 완공함

아스팔트 쉥글로 완성한 지붕 모습

3. 벽체 세우기부터 지붕 완공까지

119

6.5(일)
2022년 길었던 봄 가뭄에 단비

—

어제 지붕 공사를 마쳤는데 때마침 아침부터 흐리더니 비가 내렸다. 봄 가뭄이 심했는데 근 두 달여 만의 해갈이다. 정말 행운이란 생각이 들었다. 아마도 고향 집터에 집을 짓자니 조상님들이 도와주신 게 아닌가 하는 생각이 들 정도였다. 내리는 비가 지붕 위의 먼지를 깨끗하게 씻어내렸고 어디 비 새는 곳은 없는지 점검하는 기회가 되었다.

강수량 17mm 정도의 제법 많은 비가 내렸다. 나는 빗자루와 쓰레받기를 빌려 집안의 먼지와 흙을 깨끗하게 쓸어냈다. 지붕공사 마치고 마음이 편한데 비까지 내리니 별다른 일을 하지 못했어도 기분이 좋았다. 앞집 가족들이 놀러 와서 건물 설명도 해주고 그렇게 시간을 보내다 혼자서 방수방습 필름인 타이백을 외벽 아랫부분에 돌려가며 태커로 붙였다. 그런데 아무래도 혼자서 하자니 깨끗하게 붙질 않았다. 그래도 내일과 모레 비 예보가 있어서 방수 기능이 있는 타이백을 외벽 아랫부분에 빙둘러 붙였다.

작업을 마치고 앞집에서 점심 먹으라는 것을 사양하고 화물차를 끌고 세종으로 향했다. 착공 4주차 만에 지붕 공사를 마치고 홀가분하게 집으로 왔다.

지붕을 완공한 다음날 길었던 가뭄에 단비가 내림

3. 벽체 세우기부터 지붕 완공까지

4

그 뜨겁던 여름,
힘겨웠던 실내 공사

―

1주일을 보내고 오늘 다시 화물차를 끌고 고향으로 향했다. 오전에 방송을 마치고 목재상에 가서 목조주택용 창문 5개와 2×4 방부목 5개 등을 구입해 화물차에 싣고 출발했다. 피곤해서 고속도로 휴게소에서 잠시 잠을 자고 도착해서 창문 4개를 내려놓았는데 가장 큰 거실 창문은 혼자 들 수 없어서 내일 목수아카데미 동기들이 오면 내려놓으려고 차에 묶어두고 숙소에 가서 쉬었다.

규격에 맞춰 판매하는 창문 사이즈는 피트별로 나와 있다. 나는 5040, 4020, 3020, 2020 사이즈의 창문을 구입했다. 규격 5040은 넓이 5피트 높이 4피트, 4020은 넓이 4피트 높이 2피트란 뜻이다. 제일 큰 창문은 뒷산 전망을 바라볼 수 있도록 거실에 달았다. 주방 앞에는 햇볕이 들어와 식기를 말릴 수 있도록 폭이 넓은 4020 창문을 달았는데 눈높이를 고려해 천장에서 30cm쯤 내려서 달았다.

화장실에는 환기가 되도록 2020 창문을 앞뒤로 하나씩 달았다. 만일 별도 크기의 창문이 필요하다면 맞춤형 주문 제작을 해야 하는데 규격용 제품보다는 많이 비싸다고 한다. 창문과 달리 현관문이나 실내문 사이즈는 바닥 높이 등에 따라 달라서 배달하기 전에 폭과 높이 치수를 측량해 미리 알려주고 공장에서 재단해와서 설치했다.

내가 구입한 목조주택용 창문은 이중창이 아닌 단창이지만 3겹의 유리 사이 사이에 일반 공기보다 무거운 아르곤 가스가 주입돼 있어서 단열 효과가 높다. 집이 완성되고 사람들이 왔을 때 한겨울에도 실내 공기가 훈훈하다고 했는데 그건 나등급 단열재를 두텁게 넣은 벽체와 에너지 효율 2 등급인 창문의 단열 효과가 높기 때문이다. 반면 스틸방화문인 현관문은 단열 성능이 없어서 중문이 없는 작은 집에서는 에너지를 가장 많이 빼앗기는 곳이 되고 있다.

〈창문(피닉스싱글슬라이드) 5개 : 1,268,000원〉
규격 5040(393,000원), 4020(273,000원), 3020(232,000원), 2020(185,000원)×2개

〈방부목(재료분리대용) : 70,000원〉 2×4×12피트 5개×14,000원

〈타이백 테이프 : 25,000원〉 1개×25,000원

〈이지실(방수 테이프) : 18,000원〉 1개×18,000원

창문을 들어갈 자리 밑에 내려놓음

5040 창문은 무거워서 내려놓지 못함

4. 그 뜨겁던 여름, 힘겨웠던 실내 공사

창문 달기

ㅡ

　아침에 일찍 나와 혼자 일을 하고 있는데 목수학교 동기인 김 소장이 왔다. 그는 토목회사에 다니는 사람으로 아무래도 현장 일에 익숙했다. 나는 고향집 현장 방문이 처음인 그에게 일 좀 많이 해달라는 뜻으로 "각오는 되어있겠지" 하며 반갑게 맞으며 함께 웃었다. 비록 나는 아침 일찍부터 저녁 늦게까지 일을 했지만 자발적으로 도우러 오는 사람들에게 무리한 일을 시킬 수는 없었다.

　아무래도 공사 현장이 열악해서 조심해야 했다. 김 소장과 함께 타이백을 붙이고 창문을 달았다. 창문 달 때는 먼저 방수 작업을 꼼꼼히 했는데 학원에서 배운 대로 방수 테이프인 이지실(E-Z Seal)을 붙인 후 창문을 끼워 넣고 그 위에 또 이지실 테이프를 붙였다. 점심은 면 소재지에서 백반을 먹었다. 한낮 더위에는 너무 무리해서 일하지 않았다. 저녁에 삼겹살과 곱창전골을 사서 숙소에 왔는데, 마침 숙소 앞집 가족분들이 마당에서 고기를 구워 먹고 계셨다.

　그 댁 어른께서 나를 불러서 함께 막걸리 두 잔을 어울려 마셨다. 그분들과도 자연스레 인사를 나누었다. 이후 숙소에서 저녁 먹을 준비를 하는데 주 박사가 저녁 8시쯤 도착했다. 그는 벌써 3번째 방문으로 올 때마다 1박2일 도와주고 있다. 너무 반갑고 고마웠다. 셋이서 함께 술을 마셨다.

방수방습 필름인 타이백을 붙이는 모습

창문을 피스로 고정하고 방수테이프 이지실을 붙인 모습

4. 그 뜨겁던 여름, 힘겨웠던 실내 공사

6.12(일)

전동 드라이버가 퍼지다

—

아침에 컵라면으로 해장하고 현장에 나와 그동안 무거워서 둘이 들지 못했던 거실 창문을 셋이 함께 들고 창틀에 끼워 넣었다. 5040 창문 즉 가로 5피트, 세로 4피트 크기의 창문은 상당히 무거웠기 때문에 셋이 힘을 합쳐서야 겨우 들 수 있었다.

창문을 들어 먼저 썰실러(Sill Sealer)를 깔아둔 창틀에 얹어놓고 옆면을 맞춰 밀어넣었다. 목조주택용으로 제작된 창문이라 창문 둘레에 나사못 박을 자리가 있어서 피스를 박아 고정했다. 그리고 방수 테이프인 이지실을 꼼꼼히 붙여 한 방울의 빗물도 차단하도록 했다.

창문을 다 끼우고 나서 외벽체 아래 재료분리대 붙이는 작업을 했다. 나는 2×6인치 방부목을 자르고 주 박사와 김 부장은 임팩 드릴 드라이버로 육각 피스를 방부목에 박았다. 아래 재료분리대를 붙이고 바로 위에 방부목이 비에 젖지 않도록 후레싱, 즉 빗물받이를 붙였다. 이후 벽체 가장자리에는 재료분리대 2×6인치와 2×4인치 방부목을 붙여서 박았는데 네 곳 중 두 번째 가장자리를 작업하는데 육각 피스가 모두 소진되었다. 그때가 마침 점심때라 나는 두 사람에게 식사하고 그만 올라가보라고 했다. 날도 더워서 모두 힘들었을 것이다. 식사후 두 사람을 보내고 나는 육각 피스를 사서 집터로 돌아와 남은 작업을 했다. 주 박사가 자신의 디월트 임팩 드

5040 창문 설치 안쪽 모습, 씰실러가 밀려있음

릴을 가져가서 내 전동 드라이버로 육각 피스를 박았는데 큰 피스를 박기에는 너무 약해서 열이 나더니 타는 냄새와 함께 모터에서 연기가 났다. 결국 내 전동 드라이버는 퍼지고 말았다.

드라이버가 고장난 뒤 작업을 할 수 없어서 저녁까지 집터에서 그냥 쉬다가 창문틀 재료분리대로 쓸 2×4인치 방부목을 길이에 맞춰 끝부분을 45도로 잘라두었다. 다음 주에 새 드릴을 구해와 육각 피스를 박을 것이다. 일을 더 할 수 없는 상황이라 그냥 세종으로 갈까 하다가 피곤해서 내일 아침에 가기로 하고 혼자 숙소에서 쓸쓸하게 잤다.

〈장비는 이름값을 한다〉
내가 인터넷을 통해 구입한 저렴한 전동 드라이버는 너무 약했다. 반면에 이름 있는 임팩 드릴 드라이버는 비쌌지만 힘도 셌고, 내구성도 좋은 것 같았다. 내 전동 드라이버가 고장난 뒤 임팩 드라이버가 필요했는데 고맙게도 주 박사가 자신의 드라이버를 선뜻 빌려주어서 건축을 마무리할 때까지 사용할 수 있었다. 장비는 비싸도 이름 있는 것을 구입하는 게 좋을 것 같다. 분명히 장비는 이름값을 한다.

현관문 잘못 달다

—

　아침에 방송국에 출근하는데 피곤하다. 피로가 누적된 듯하다. 오늘 하루 더 쉬고 내일 고향에 갈까 잠깐 고민했다. 그런데 아침 9시쯤 목수아카데미 동기인 김 사장이 고향집 현장에 도착했다고 전화가 왔다. 김 사장은 대전에서 문 설비업체를 운영하고 있다. 그래서 시골집 문 설치를 부탁했는데 오늘 현관문 설치를 위해 현장을 방문하기로 했다. 내가 있을 때 왔더라면 좋았을 텐데 하는 생각이 들었지만 먼 길을 흔쾌히 가준 게 고마웠다. 김 사장은 이번 주말 홍천에 작업이 있어서 가는 길에 고향집에 잠시 들러 스틸방화문 현관문을 설치해놓기로 한 것이다.

　나는 방송 마치고 화물차를 타고 고향으로 갔다. 날이 더워 중간에 고속도로 휴게소에서 한숨을 자고 고향에 도착해보니 현관문은 내 생각과 다르게 설치되어 있었다. 나는 김 사장에게 문을 시멘트 바닥에 붙여 설치해달라며 지난주에 현관문 바닥 토대를 잘라놓고 왔는데, 김 사장은 그 토대를 다시 바닥에 붙이고 그 위에 현관문을 설치해놓은 것이었다. 신발 벗는 곳을 현관문 안쪽에 만들겠다는 애초 계획에 차질이 생긴 것이다. 김 사장에게 전화해서 그런 상황을 말하니까 그제서야 자신이 착각한 걸 알게 되었다. 먼 길에 와서 고생하며 작업을 했는데 아쉬웠다. 나는 고민하다 다시 전화드려 다음에 실내문 설치할 때 현관문을 다시 달아달라고 했고 김사장은 그렇게 해주기로 했다. 현관문을 다시 달아야 해서 2번 벽체 외벽 마무리는 다소 늦출 수밖에 없었다.

나는 지난주에 다하지 못했던 재료분리대와 그 위 빗물받이 후레싱 설치를 주 박사의 전동 드라이버로 마무리 했다. 방수용 타이백을 다 덮지 못한 외벽 합판에도 목수학원에서 구해간 타이백 자투리로 덮었다. 그렇게 작업을 마치고 좀 허탈한 마음으로 맥주를 사서 숙소로 향했다.

〈현관문 비용 : 600,000원〉
스틸방화문 규격 2120×1000 ×시공비 포함

〈신발 벗는 곳은 현관문 안쪽에 둘까 바깥쪽에 둘까?〉

김 사장이 현관문을 내 생각과 다르게 설치한 것은 신발 벗는 곳을 바깥에 두어야 한다고 생각했기 때문이다. 나는 신발 벗는 곳을 현관문 안쪽에 두어야 한다고 생각했는데 말이다. 일반적으로 주택의 경우, 신발 갈아신는 곳은 현관문 안쪽에 있다. 현관문을 열고 집안에 들어가 신발을 벗고 중문이 있으면 중문을 열고 거실로 들어간다. 그런데 농막이나 작은 주택의 경우 중문을 달 만큼 공간이 넓지 않다. 그래서 현관문 밖에서 신발을 벗고 집 안으로 들어간다. 현관문 안쪽에 신발을 벗어 두면 작은 공간이라 신발 냄새가 날 수 있기 때문이다.

나도 이 문제로 고민을 했다. 신발 벗는 곳을 현관문 안쪽에 둘 것인가 바깥쪽에 둘 것인가. 안쪽에 두면 신발 냄새가 날 수 있고 바깥에 두면 비가 오나 눈이 오나 신발을 밖에 방치하게 되는 것이다. 고민 끝에 나는 신발 갈아신는 곳을 현관문 안쪽에 두기로 하고 작은 현관 바닥을 만들었다. 현관문 밖에 차양막이나 데크 시설이 있으면 신발장을 두고 밖에서 신발을 갈아신도록 하겠지만, 그런 시설이 없는 한 신발을 밖에 방치할 수는 없는 일 아닌가. 다행히 준공 후 이용해보니 신발 냄새도 거의 나지 않았다.

6.18(토)
보일러 시공 견적 및 방부 졸대
(레인스크린 Rainscreen) 시공

—

　아침 일찍 현장에 나와 창문 둘레에 지난주에 잘라놓은 2×4인치 방부목을 붙이고 피스로 박는 작업을 했다. 작업 중에 현지에서 보일러 시공업체를 운영하는 분이 왔기에 보일러 바닥 시공과 화장실 타일 공사 등에 관해 물어보았다. 그는 방이 조그마하니 시멘트와 모래를 직접 반죽해서 보일러 바닥 시공을 하면 되겠다고 했다. 견적을 내달라고 하니 내일쯤 알려준다고 했다. 업체 사장은 돌아가고 집안 숙부 댁에서 아침을 먹으라고 해서 가보니 숙모가 맑은 고깃국에 고등어를 구워주셨다.

　이후 작업을 하는데 건축일을 하시는 마을 분이 찾아오셨다. 아침에 업체에서 보일러 시공 견적 보러 왔었다고 말했더니 요즘은 '방통'이라는 시공 방법으로 시멘트 모르타르 작업을 하는데 그러면 바닥이 완전히 평평하게 된다고 했다. 그리고 자기에게 맡기면 260만 원이면 되겠다고 해서 나는 아침에 온 업체에서 견적을 받아보고 말씀드리겠다고 했다.

　이후 나는 방부목으로 창문 둘레를 다 설치하고 외벽에 레인스크린, 즉 방부 졸대를 피스로 박는 작업을 1번 벽체부터 해나갔다. 방부 졸대를 벽

체의 스터드(Stud) 자리를 찾아 외벽에 나사못으로 박았는데, 방부 졸대
는 외벽 마감재인 시멘트 사이딩을 고정할 못자리가 된다. 또한 졸대 사
이 공간에 바람이 통할 수 있도록 하는 환풍 장치 역할도 한다. 나는 저
녁 늦게까지 방부졸대 박는 작업을 했는데 1, 3, 4번 벽체를 마치니 저녁
8시가 지나 있었다. 일하느라 어두워지는지도 모르고 어둑어둑할 때 숙
소로 갔다.

우마를 오르내리며 스터드 자리에 피스로 고정한 레인스크린

처마 밑 작업 및 전기공사 의뢰

—

아침 일찍 현장에 나와 3번 벽체에 방부졸대 박는 작업을 시작했다. 아침부터 해가 뜨거워서 작업하기가 힘들었다. 집이 서남향이라 1, 2번 벽체는 오전 오후에 번갈아 가며 그늘이 졌는데, 오전에는 2번 벽체가 그늘이 져서 작업하기가 좋았고 오후에는 1번 벽체 작업이 편했다.

2번 벽체에 방부졸대를 설치함으로써 4면에 레인스크린을 모두 설치했다. 보기에 좋았다. 이제 처마 밑 장치인 소핏 벤트(Soffit Vent) 설치공사를 할 차례다. 소핏 벤트를 설치하기 위해서는 제이찬넬(J Channel)이란 J형의 긴 플라스틱을 처마 규격에 맞게 잘라 유턴박스로 불리는 테두리를 만들어 처마 밑에 붙이고, 거기에 폭에 맞게 소핏 벤트를 잘라 끼우면 되는 작업이다. 그리 어렵지 않은 공사인데 시공을 마치면 매우 그럴듯하게 보인다.

환풍 구멍이 작게 뚫려 있어서 용마루 릿지 벤트와 환풍이 되며 구멍이 작아서 벌레망이 된다. 나는 처마 길이와 폭을 재고 길이에 맞게 길쭉한 플라스틱 막대인 제이찬넬을 잘라 처마 밑면에 틀을 만들어 붙였다. 사다리를 타고 4면의 처마에 모두 작업했는데 첫 처마 작업에선 잘못 붙여서 다시 설치해야 했다. 그러자 오전 시간이 훌쩍 갔고 더위에 작업을 하지 못하다가 정오가 지나 1번 벽체에 그늘이 지기 시작하자 소핏 벤트를 잘라 유턴박스에 끼워넣기 시작했다. 너무 더웠고 사다리를 타고 작업을 해야 해서 속도가 느렸다. 낮에 건물 안 바닥에 합판을 깔

제이찬넬과 소핏 벤트를 설치한 1번 벽체 처마

아놓고 잠깐 잔 게 도움이 되었다.

앞집 부부는 3박 4일간 안동 등으로 놀러 다녀왔다고 했다. 농가는 모내기 농번기를 마치고 쉬는 시간이다. 시골 분들도 여행을 참 잘 다니시는 것 같았다. 내게는 수박을 갖다주어 고맙게 잘 먹었다. 오후에 현지에서 전기업체를 운영하는 정 사장을 불러서 전기공사를 상의하고 비용을 물어보았다. 일요일인데도 현장에 와서 친절하게 설명해주었다.

1번 벽체 소핏을 완성하고는 정리하니 오후 5시쯤 되어 바로 세종집으로 출발했다. 집에는 아내가 국수를 해놓고 기다리고 있었다. 함께 시원한 열무국수를 먹고 막걸리를 마시며 피로를 풀었다.

〈술에 관하여〉

평소에도 술을 즐겨하는 편이다. 일주일에 1~2회 정도 막걸리를 마셨다. 그런데 집을 지으면서 힘든 노동을 하다 보니 술을 더 찾게 됐다. 땀을 많이 흘려 갈증이 나서일 수도 있고 몸이 여기저기 아프니 고통을 잊으려고 그랬는지도 모른다. 보통 주말에 일을 마치고 나서 마지막 날 시원하게 막걸리를 들이켰다. 내 주량은 막걸리 2통 정도인데 그 정도를 마시고 골아 떨어졌다. 한숨 푹 자고 나면 조금은 몸이 회복되는 것 같기도 했다.

오래전 SBS 라디오에서 편성국장을 하셨던 박건삼 선배님이 생각났다. 박 국장님은 애주가셨는데 얼큰하게 한잔하시고는 종종 '술이 일의 절반은 한다'고 말씀하셨다. 술의 힘으로 쌓인 스트레스도 풀고, 동료 간 팀워크도 친밀하게 만들어 어려운 일도 술술 풀리게 한다는 것이다. 집 지을 때도 술이 절반 정도는 아니지만 충분한 역할을 한 것 같다. 한여름 땡볕에 하루종일 땀흘려 일하고 나서 마시는 막걸리 한 잔은 꿀맛이었다.

―

아침 일찍 일어나 아내와 함께 고향집 전기 시설을 어디에 둘 것인지 도면에 연필로 그림을 그렸다. 평면도에 전등과 콘센트, 스위치, TV, 인터넷 자리를 그려 넣었다. 이후 고향 전기업체 정 사장에게 도면과 함께 건축허가 공문, 그리고 내 신분증 사본을 카톡으로 보내 전기공사를 의뢰했다. 정 사장은 6월 23일 목요일에 내가 그려준 도면에 자기 경험을 보태 보일러 조절기 위치, 외벽 보일러실, 현관문 앞 외벽 등 콘센트 빠진 곳 몇 개를 추가해서 전기 배선을 충실히 작업해주었다.

〈전기공사 비용 : 1,810,000원〉 전기 배선, 전등, 콘센트 등 일체
주택 전기는 지역 전기업체를 통해 한전에 신청해야 하며 건축허가서와 건축주의 신분증이 필요하다. 한전은 필요한 경우 전봇대를 세우고 외벽에 설치하는 전기계량기까지 전선을 연결해준다. 전기업체는 건축주를 대행해 전봇대 설치나 계량기 위치를 한전과 협의하며 주택 실내 전기 작업 일체를 맡아서 해준다. 나의 경우 집 옆에 전봇대를 하나 세웠다.

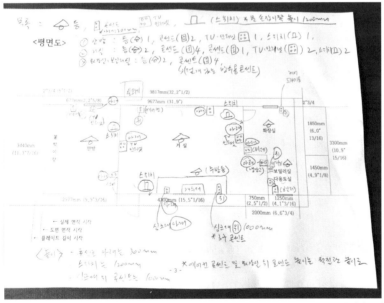

아내와 함께 평면도 위에 직접 그린 전기 시설 도면

4. 그 뜨겁던 여름, 힘겨웠던 실내 공사

139

상량문 쓰다

장맛비가 시작됐다. 비 오기 전에 고향집 벽체를 마감했더라면 좋았을 텐데 하는 아쉬움이 남았다. 높게 달린 현관문을 아래로 내려달아야 하는데 수정공사는 현관문 업체 김 사장의 일정상 2주는 있어야 할 것 같다. 현관문이 완성되어야 외벽을 마무리할 수 있기에 외벽 공사는 미뤄두고, 내부 공사를 먼저 해야 했다. 그래서 주중에는 보일러 가게와 타일 가게 등을 부지런히 다니며 공사에 대해 문의했다. 다행히 그런 가게들은 대전시 건설건축자재특화거리에 모여있어서 찾아다니기 좋았다. 보일러나 타일은 내가 배운 적이 없는 분야라서 유튜브에서 관련 영상도 부지런히 찾아보았다.

일주일이 흘렀다. 보일러는 마을 분과 둘이서 방통 작업으로 하기로 했다. 인부들과 모래 시멘트를 직접 반죽해서 하는 것보다 오히려 비용이 적게 들고, 방통으로 해야 바닥 수평이 고르고 나중에 시멘트 갈라짐 현상도 덜하다고 했다. 그래서 보일러와 오일탱크 등 설치 장비 일체를 내가 직접 사 가기로 했다.

나는 화물차를 가지고 출근해 오전 방송을 마치고 며칠간 발품을 팔아 알아둔 보일러 가게에 가서 보일러와 엑셀 호스 등을 샀다. 보일러 가게의 소개로 건너편 건재상에서 스티로폼과 와이어메쉬(Wire Mesh) 등도 구입해 싣고 목재상에 가서 처마 밑 소재인 소핏 벤트와 제이찬넬 추가분 등을 차에 싣고 고향으로 향했다. 고향집에 도착해 살펴보니 전기 배선 공사가 되어 있었다. 전기선은 스틸 전선관에 넣어져서 전등과 콘센트 등으로 연결되어 있었다. 내가 그린 전기 도면 그대로 잘 되어 있었다.

나는 사다리를 놓고 올라가 용마루에 상량문을 썼다. 원래도 악필이지만 사다리 놓고 올라가 거꾸로 누워 쓰자니 글씨가 엉망이었다. 나중에 사람들이 보면 웃을지도 모르겠다. 그래도 상량 일시와 축원문을 기록해두는 것은 의미있는 일인 것 같았다.

〈보일러 장비 비용 : 590,000원〉
보일러(11,000K, 390,000원), 오일탱크(400L, 110,000원), 엑셀호스(80m 3개 ×32,000원)

〈스티로폼 등 비용: 230,000원〉
100mm 압축스티로폼, 와이어메쉬, 결속선

〈상량문〉
'龍 西紀 2022年 5月21日 申時 上樑 應天上之三光 備人間之五福 龜'
– 2022년 5월 21일 오후 4시 마룻대를 올리니 하늘의 3광(해, 달, 별)에 부응하여 땅 위에 5복을 갖추게 하소서 –

스틸 전선관으로 전기공사가 되어 있는 모습

사다리를 타고 올라가 거꾸로 누워 쓴 상량문

이 PD의 좌충우돌 4천만 원으로 11평 시골집 짓기

보일러 작업

—

　숙소에서 자고 5시쯤 해가 뜨자마자 나가서 건물 바닥을 쓸었다. 보일러를 깔기 위해서다. 정확히 7시에 마을 분이 오셔서 함께 보일러 바닥 까는 작업을 시작했다. 마을 분은 오랜 경험으로 일을 잘했고 또 열심히 해주었다. 그분은 보일러를 집 안, 특히 작은 집 안에 두면 연소가스 냄새로 위험할 수도 있으니 보일러실은 밖으로 따로 내는 게 좋겠다고 했다. 그 말이 옳은 것 같아 그렇게 하기로 했다.

　보일러실을 밖에 따로 만들기로 하면서 나는 먼저 엑셀호스가 통과될 수 있도록 벽체 맨 아래 플레이트를 잘라내는 작업을 했다. 이후 화장실 바닥을 높일 수 있게 마당의 흙을 퍼담아 채우는 작업도 했다. 또 신발 갈아신을 현관 바닥의 틀을 만들고 현관문 앞과 보일러실의 기초에 콘크리트 타설을 할 수 있도록 합판으로 거푸집을 만드는 작업도 했다.

　그 사이 마을 분은 건물 바닥에 스티로폼을 깔고 그 위에 와이어메쉬를 놓고 거기에 엑셀호스를 결속선으로 둥글게 묶었다. 보일러 파이프 간격이 넓지도 좁지도 않게 바닥의 빈틈이 없이 작업했다. 나는 엑셀 호스를 잘 깔 수 있도록 호스를 잡아주는 등 보조 역할을 충실히 했다. 오후 4시 넘어 보일러 까는 작업을 마무리했다. 마을 분은 돌아가고 나는 혼자 남아 보일러 바닥의 온기가 골고루 전달될 수 있도록 엑셀호스 위에 동판을 깔아주었다. 작업을 마무리하고 피곤해 숙소로 가려는데 앞집에서 불렀다. 땀을 너무도 많이 흘려 갈증이 나고 해서 막걸리 한 통을 비우고 숙소로 와서 잤다.

〈인건비 : 250,000원〉
보일러 바닥 설치 작업

안방과 거실에 촘촘하게 깐 엑셀 호수　　보일러실을 밖에 만들기로 해서 엑셀 호수를 밖으로 뺌

현관문 앞 콘크리트 타설을 위해 만든 거푸집　　보일러실 기초 거푸집 모습. 엑셀 호수 끝이 보임

4. 그 뜨겁던 여름, 힘겨웠던 실내 공사

6.26(일)
처마(제이찬넬과 소핏 벤트(Soffit Vent) 공사)

—

해가 밝아오자 나는 컵라면으로 숙취를 해소하고 집터에 왔다. 구름이 많이 끼어서 일하기는 좋았다. 현관문 있는 2번 벽체 처마에 제이찬넬로 유턴박스를 설치하고 소핏을 잘라 끼워넣었다. 소핏 벤트가 정식 명칭인데 여기서 벤트(Vent)는 통풍구를 말한다. 말하자면 소핏에 구멍이 숭숭 뚫려 있는데 이곳으로 공기가 통해 지붕 맨위 릿지 벤트로 순환하는 것이다. 목조주택은 공기 순환이 중요한데 릿지벤트와 소핏벤트에 더해 외벽 마감재인 시멘트 사이딩 맨 아랫부분에 1cm 크기의 환기 구멍이 있다. 물론 그 속에는 벌레를 막기 위해 철망을 붙였다.

나는 점심은 먹지 않고 계속해서 양쪽 3, 4번 벽체의 처마 소핏 작업을 마무리했다. 이후 옆 마을 사는 사촌동생이 와서 함께 4번 벽체 시멘트 사이딩 붙이는 작업을 했는데 몇장 붙이지 않아 동생은 땀을 뻘뻘 흘렸다. 일을 도와주는 선의는 고맙지만 너무 무리하게 부탁하면 안 되겠다는 생각이 들었다. 날도 덥고 해서 일을 정리하고 오후 5시쯤 세종으로 출발했다.

제이찬넬과 소핏 벤트로 처마 완공

4번 벽체에 시멘트 사이딩 몇장 붙이다 중단함

4. 그 뜨겁던 여름, 힘겨웠던 실내 공사

간밤에 세종시에 비가 왔다. 오늘 고향 집에 방통 치는 날인데 괜찮을지 걱정됐다. 방통 작업은 바닥에 보일러를 깔고 난 뒤 콘크리트 모르타르를 타설하는 작업이다. 유압식 타설 장비를 이용해서 반죽이 묽은 모르타르를 바닥에 뿌리고 고르게 미장 작업을 하므로 바닥이 매우 균일하게 수평이 잡힌다. 그래서 요즘은 거의 모든 콘크리트 보일러 바닥은 방통 작업으로 한다고 한다.

방통 업체와 레미콘 업체들이 주말에는 일을 하지않기 때문에 나는 오늘 가지 못했고 보일러를 깔아준 마을 분에게 좀 봐달라고 부탁을 해 놓았던 것이다. 궁금했지만 공사에 방해될까 연락하는 게 조심스러웠다. 오후 늦게 마을 분은 낮에 방통 작업이 잘되었다고 연락을 주셨다. 자신이 작업 지시를 잘했다고 하셨다. 대가 없이 도와주신 마을 분이 고마웠다.

〈방통 비용 : 800,000원〉
〈레미콘 3.5루베 : 435,000원〉

3, 4번 벽체 시멘트 사이딩(Siding)

―

　장마에 무더위가 절정으로 치닫고 있다. 중부 이북 지역에는 비가 많이 왔다는데 세종엔 그리 많은 비가 내리지는 않았고 대신 무덥다. 이번 주말엔 한주 쉬려고 했는데 예전에 살던 동네 이웃분이 도와주러 온다고 해서 아침 일찍 고향으로 출발했다. 지난 수요일 방통 작업으로 콘크리트 바닥은 고르게 잘 공사 되어 있었다. 나는 현관 앞과 보일러실 바닥의 합판 거푸집을 뜯어내기 위해 못 뽑는 작업을 했다.

　아침 7시쯤 전에 살던 마을 이웃분인 조기수 씨가 도착했다. 조 형은 오랫동안 건설회사에 다니고 정년퇴직 하신 분으로 내가 집을 짓는다니 궁금해하셨고 나도 필요한 조언을 듣고 싶었다. 나는 커피를 타드리고, 찬물도 드리며 그간의 공사 과정을 설명해 드렸다. 오늘 할 일을 급하게 서두르지는 않았다. 오전에 지난주에 사촌동생과 몇 장 붙여놓은 4번 벽체 외벽에 시멘트 사이딩 붙이는 작업을 했다.

　사이딩(Siding)은 외벽 마감자재를 뜻하며 목재를 이용한 우드 사이딩도 있고 고급 자재인 세라믹 사이딩도 있다. 시멘트 사이딩은 가장 저렴한 외벽 마감 자재인데 시공하면 그런대로 보기도 좋고 튼튼해서 내구성이 좋다. 작업 방법은 빗물을 차단하기 위해 밑에서부터 시멘트 사이딩을 붙이고 그 위에 1인치씩 포개서 윗장을 붙여 올라간다. 먼저 길쭉한 시멘트 사이딩을 두 사람이 양쪽에서 잡아 자리를 잡은 후 핀 모양의 태커(F30)로 방부졸대(레인스크린 Rainscreen)에 가고정 한다. 이후 전동 드라이버로 38mm 피스를 겹쳐지는 1인치 폭 내에서 방부졸대 부분에 박아 튼튼하게 고정하면 된다.

그런데 사이딩은 휘청휘청 하기 때문에 혼자 들기 어렵고 수평을 맞춰 박아야 하기에 혼자 하기는 어려운 작업이다. 그래서 누군가 도와주는 사람이 있을 때 해야 했다. 우리는 오후에는 반대편 3번 벽체의 시멘트 사이딩을 붙였는데 35도 불볕더위에 땡볕 아래 작업이라 조 형은 무척 힘들어했다. 결국 오후 4시쯤 1, 2번 벽체는 손도 못 대고 3번 벽체 시멘트 사이딩을 완성하는 것으로 작업을 마무리했다. 숙소에 가서 샤워하고 조 형은 경기도 하남으로 나는 세종으로 왔다. 세종에 도착해 더운 날 멀리 와주서서 고맙다고 전화를 드렸다.

보일러 바닥에 방통 작업을 마친 모습

3번 벽체 시멘트 사이딩을 완공한 모습

4번 벽체 시멘트 사이딩 완공. 전기 배선이 보임

4. 그 뜨겁던 여름, 힘겨웠던 실내 공사

용달 화물차로 화장실 자재 운반

지난 주말은 너무 덥고 피로도 쌓여 한 주 쉬었다. 쉬는 동안 부지런히 발품을 팔아 타일 가게를 알아두었다. 현장 업체에서 타일 붙이는 공사 비용을 너무 비싸게 불러서 타일도 직접 붙이기로 한 것이다. 70대 노부부가 주인인 타일 가게는 목수아카데미 학원 건너편에 있었는데 내가 학원에서 배워 고향에 직접 집을 짓고 있다고 하니 그럼 타일도 충분히 혼자 붙일 수 있다며 격려해주었다. 두 분은 타일 시공 방법에 대해서도 그때마다 친절하게 자세히 가르쳐 주셨고 타일 관련 동영상도 쉽게 찾아볼 수 있어서 혼자 할 수 있겠다는 생각을 하게 되었다.

오늘도 무척 더운 날이 되고 있다. 나는 처갓집 화물차는 반납했기 때문에 1톤 화물 용달차로 화장실 공사에 들어가는 자재를 나르기로 했다. 목재상에서 단열재인 인슐레이션과 방수합판 등을, 타일 가게에서는 화장실에 붙일 타일과 양변기, 세면기 등을 구입했다. 지난 주를 쉬었으니까 이번 주에는 일을 좀 해야 하는데 더워서 어떨지 모르겠다. 오전 방송을 마치고 타일 가게에 가서 타일과 타일용 본드, 양변기, 세면기 등을 92만 원에 사서 내 승용차에 가득 싣고 길 건너편 목재상으로 왔다. 1톤 화물 용달차는 3시 출발에 맞춰 목재상 마당에 도착했다. 목재상에서 단열재(인슐레이션 Insulation)와 화장실 내벽에 붙일 방수합판과 시멘트 보드 등을 구입해 화물차에 싣고 내 승용차에 실려있던 타일 등도 옮겨 실었다.

내 차가 화물의 무게 때문에 쑥 내려가 있었는데 화물차로 옮겨 실으니 다시 정상적인 상태로 올라와 안심이 되었다. 목재소에는 추가 비용 85만 원을 계산하고 용달 화물차와 함께 고향으로 출발했다. 내가 먼저 고향 현장에 도착해서 화물차를 기다리는 동안 마침 보일러를 깔아준 마을 분을 만나 샌드위치 패널로 보일러실 만드는 작업을 날을 잡아 해달라고 부탁드렸다.

오후 5시쯤 물건을 잔뜩 실은 용달차가 시골 마을에 도착해 운전 기사와 함께 화물을 내렸다. 대전에서 의성까지 화물 운송비 14만 원인데 나는 음료수를 사드시라고 1만 원을 더해 15만 원을 드렸다. 이후 화물을 정리하고 타일을 가지런히 벽체 옆에 올려두니 날이 어두워져 숙소로 갔다.

〈목재상 비용 : 2,030,000원〉
방수합판(37,800원×9장), 시멘트보드(18,000원×9장), 방수시트(26,000원×4롤), 합판12t(30,000원×3개), 서까래 벤트(3,500원×50개), 인슐레이션 R11-15(72,000원×1롤), 인슐레이션 R21-15(77,000원×9롤), 인슐레이션 R21-23(100,000원×4롤)

〈타일가게 비용 : 940,000원〉
벽타일(17,000원×20팩), 바닥타일(16,000원×5팩), 하수구 유가(10,000원), 스텐코너(6,000원×5개), 타일용 접착제(20,000원×8통), 백시멘트(6,000원×2포), 백압착(6,000원×1포), 양변기(130,000원×1개), 세면기(180,000×1개)

〈1톤화물 운송비 : 140,000원〉
대전-의성 간 운송비

안방에 가득 쌓아둔 단열재, 인슐레이션　　타일용 접착제 통과 방수시트, 양변기와 세면기 박스

재료분리대 방부목 옆에 포개둔 타일박스

안방과 거실에 자재가 가득한 모습

화장실 공사 시작(단열재)

본격적으로 화장실 공사에 돌입했다. 단열재, 즉 인슐레이션(Insulation)을 화장실 벽체에 넣는 작업부터 시작이다. 인슐레이션은 인체에 해롭지 않은 유리섬유 재질로 목조 주택용으로 제작되어 판매되는데 벽체용은 스터드 간격 16인치와 높이 2.4미터, 두께 6인치 규격에 딱 맞춰 나온다. 천장 장선용은 폭이 2피트 간격이다. 단열재 인슐레이션을 벽체 스터드 사이에 끼우면 딱 들어맞는다. 그걸 태커로 고정하면 된다.

더위에 두꺼운 단열재 다루는 게 쉽지는 않았지만 화장실 공간에 단열재 끼우는 작업은 그리 오래 걸리지 않았다. 단열재를 다 끼우고 나서 그위에 방수 합판을 붙이는 작업을 했다. 무거운 4×8 피트 12mm 방수 합판에 콘센트나 수도꼭지 들어갈 자리를 자로 재서 정확하게 잘라내고 한 장씩 벽에 붙여 못총으로 스터드에 박았다. 자재를 들고 몸을 움직이기도 쉽지 않은 좁은 공간에서 일하느라 힘이 더 들었고 시간도 오래 걸렸다.

아침에 앞집 우종문 씨 댁에서 식사를 하라고 해서 가보니 삼계탕을 주셨다. 오늘이 초복이라고 했다. 복달임을 집이 아닌 고향 이웃집에서 먹었다. 고맙고 감사했다. 종일 합판 붙이는 일을 했다. 더위에 좁은 공간에서 혼자 일을 하자니 무척 힘들었다. 땀을 비오듯 흘렸다. 하루가 어떻게 갔는지 모를 정도로 일에 취해있었다. 저녁에 편의점에서 도시락과 맥주를 사서 숙소에 가서 먹었다.

화장실 벽에 단열재 넣은 모습

창문 부분을 미리 잘라내고 방수 합판을 붙임

콘센트와 수도꼭지 자리를 파내고 방수합판을 붙임

이 PD의 좌충우돌 4천만 원으로 11평 시골집 짓기

화장실 방수합판

＿

　숙소에서 자고 피곤한 상태로 일어나 아침 6시쯤 나왔다. 어제 다 붙이지 못한 화장실 방수 합판을 다 붙여 마무리했다. 이후 타일을 붙일 거실 주방벽에도 인슐레이션을 넣고 화장실 공사를 하고 남은 자투리 방수 합판을 붙였다. 햇볕이 너무 따가워서 일하기 벅찼다.

　점심은 읍내에서 콩국수를 먹고 와서 오후에도 잔업을 했다. 땀을 너무 많이 흘려서 옷을 벗어 짜면 물이 뚝뚝 떨어졌다. 거실 싱크대 자리 뒷벽에 남은 합판 자투리를 붙이니 구입한 9장 방수 합판이 모두 소진되었다. 작업을 마치고 오후 4시쯤 출발해 6시 지나 세종에 도착했다.

화장실에 방수합판을 다 붙임   양변기 자리. 수도관과 보일러 엑셀 호수가 보임

타일 붙일 거실 주방벽에 남은 방수 합판을 붙임

이 PD의 좌충우돌 4천만 원으로 11평 시골집 짓기

잇몸 붓고 치통 발생 / 화장실 방수시트 작업

—

아무래도 무리가 되었던지 없던 치통이 며칠 전부터 생겼다. 잇몸이 몹시 붓고 이를 부딪치기만 해도 몸서리치게 아팠다. 어젯밤도 고생했다. 약을 먹었는데도 통증이 완전히 가라앉지 않는다. 그런 모습을 보고 아내가 함께 가서 도와주겠다고 했다. 나는 이가 아파 9시에 집 앞 치과에 가서 약을 처방 받고 커피를 사왔다. 10시 20분쯤 아내와 함께 출발해 12시쯤 고향 집에 도착했다. 아내는 집 공사가 많이 되었다고 했다.

나는 먼저 안방과 화장실 문이 들어갈 자리의 높이를 재서 현관문 업체 김 사장에게 보내주었다. 바닥에 보일러를 깔고 시멘트 방통 작업을 함으로써 문 높이가 최종 결정되었고, 김 사장은 그 높이를 알아야 ABS 실내문을 정확히 재단해서 가져올 수 있다. 이후 아내와 화장실 방수 합판 위에 방수시트를 붙이는 작업을 했다. 밑면이 끈끈한 접착성분으로 되어 있는 지붕에 붙인 그 오웬스코닝 방수시트를 붙였다.

아내는 집짓는 공사에 일부라도 함께 하는 것을 좋아하는 것 같았다. 날이 흐려서 작업하기는 좋았지만 방수시트를 다 붙이고 난 뒤에는 일을 마무리했다. 더 이상 일을 하는 것은 나도 아내에게도 무리였다.

화장실 방수합판 위에 방수시트를 붙임

〈화장실 방수 공사와 타일 시공도 직접 하다〉

화장실 방수공사는 매우 중요하다. 특히 나무에 물이 닿으면 부식의 원인이 되기 때문에 목조주택의 경우는 더욱 꼼꼼하게 해야 한다. 목수아카데미에서 방수공정까지는 배우지 못했기 때문에 경험이 없는 내가 방수공사를 직접 하는 것에 대해 다들 우려했다. 게다가 타일 시공은 전문 영역이라고 할 수 있다. 하지만 나는 직접 하기로 했다. 우선 요구하는 공사비가 너무 비쌌다. 그리고 직접 집을 지으면서 중요한 공정을 내가 모른 채 순전히 다른 사람에게 맡기는 것도 썩 내키질 않았다. 결국 '내 집인데 뭐 어때' 하는 마음으로 직접 하기로 했다.

나는 타일가게 주인과 목수아카데미 홍 원장에게 수시로 궁금한 것을 물어볼 수 있었고 유튜브에서 영상을 보면서 방수 공사와 타일 시공을 배울 수 있었다. 다행히 노부부인 타일 가게 주인 내외분은 항상 친절하게 자세히 알려주셨고, 관련 영상물이 많아서 필요한 공정을 쉽게 찾아 볼 수 있었다. 결과적으로 처음이라 시간도 오래 걸리고 힘들었지만 다른 사람에게 맡긴 것보다 훨씬 더 꼼꼼하게 화장실 방수공사를 했고 타일도 그런대로 잘 붙였다고 생각한다. 이후 나는 한동안 "제가 타일도 직접 붙인 사람입니다"라는 말을 자랑삼아 입에 달고 살았던 것 같다. 어렵다는 일을 스스로 해낸 기쁨이 있었다.

〈화장실 방수 및 타일 공사 순서〉

- 벽체 : 단열재(인슐레이션) + 방수합판 + 방수시트 + 시멘트 보드 + 액체 방수 + 타일 시공 + 메지
- 천장 : 단열재 + 방수 석고보드 + 리빙우드
- 바닥 : 시멘트 모르타르(쭈꾸미(바닥 경사) 잡기) + 액체 방수 + 타일 시공 + 메지

—

새벽 5시에 일어났다. 일주일 사이에 치통도 많이 가라앉았다. 부지런히 서둘러 아들과 함께 출발해 7시쯤 고향집에 도착했다. 오늘은 혼자서 하지 못했던 화장실 시멘트 보드 붙이는 작업을 아들과 함께했다.

시멘트 보드는 말하자면 시멘트로 된 합판이다. 시멘트 보드를 붙이면 나무 벽이 시멘트 벽이 되는 효과가 있어서 그 위에 타일 작업을 할 수 있다. 시멘트 보드는 합판 크기와 같아서 무거울 뿐만 아니라 휘청거리기 때문에 잘못 들면 부러진다. 그래서 그동안 혼자서 하지 못하고 있었는데 방학을 맞이한 아들이 흔쾌히 나서주었다. 아들과 함께 시멘트 보드를 화장실 벽, 방수 시트 위에 붙여 나갔다. 콘센트나 수도꼭지 자리는 자로 재서 위치를 찾아 그라인더 시멘트용 날로 잘라내고 붙였는데 부지런히 작업해서 시멘트 보드 8장을 오전 중에 다 붙였다.

점심을 먹고 현지 종합건재상에서 화장실 천장에 들어갈 방수 석고보드와 마감재인 리빙우드(렉스판)를 구입해 와 오후에는 아들과 화장실 천장 공사를 했다. 먼저 천장 장선 사이에 2피트 폭의 인슐레이션을 넣고 그 위에 방수 석고보드를 붙이는 작업을 했는데 속도가 쉬 나지를 않고 더워서 땀은 비오듯 했다. 오후 5시까지 화장실 천장에 석고보드를 모두 붙였다. 그리고 마지막 시멘트 보드 한 장은 거실 주방벽 방수 합판 위에 붙이고 작업을 마무리 했다. 아내가 앞집에서 자두 3상자를 사오라고 해서 물어보니 팔 것은 없다며 1박스를 그냥 주어 고맙게 받았다. 아들과 작업을 마치고 야외에서 샤워를 하고 세종으로 왔다.

〈방수 석고보드 비용 : 20,000원〉
방수 석고보드(5,000원×4장)

〈리빙우드 비용 : 70,000원〉
리빙우드(7,000원×10장)

시멘트 보드에서 콘센트와 수도꼭지 위치를 찾는 모습

시멘트 보드 작업을 함께한 아들과 나

시멘트 보드를 방수 합판 위에 박는 모습

화장실 천장에 붙인 방수 석고보드. 틈새엔 방수시트

이 PD의 좌충우돌 4천만 원으로 11평 시골집 짓기

화장실 천장 리빙우드 / 액체 방수

아들은 학교로 복귀했고 나 혼자 아침 7시에 고향으로 출발했다. 날은 너무도 더웠다. 8시 30분쯤 도착해 단열재를 채우지 못한 화장실 천장에 기어 들어가 폼을 쏘아 빈틈을 채웠다. 잠깐이었는데도 사다리를 내려오는데 온몸에 땀이 흥건했다. 앞집 아들이 사다리를 가지러 왔다가 내가 땀 흘리는 걸 보고는 너무 무리하지 말고 건강 조심하라고 했다.

이후 방수 석고보드가 설치되어 있는 화장실 천장에 리빙우드 붙이는 공사를 시작했다. 천장 마감재인 리빙우드는 플라스틱 재질로 폭 30cm 길이 240cm 제품을 구입해 화장실 천장 규격에 맞게 잘라 천장 장선에 태커로 박아 고정하고 한 장씩 끼워나갔다. 리빙우드끼리 꼭 맞게 결합이 되어서 화장실 천장의 습기는 잘 차단될 것 같았다.

작업은 그리 어렵지 않아 오후 1시 30분쯤 리빙우드를 다 붙였다. 천장이 깔끔했다. 점심으로 냉면을 사 먹었다. 식당에서 주문하는데 더위를 먹어 말도 잘 안 나왔다. 냉면 국물을 들이켜니 몸이 조금 회복되는 듯했다. 종합건재상에 가서 고무대야와 빗자루, 시멘트를 사 와서 화장실 바닥과 벽체 아랫부분에 액체 방수 처리를 했다. 방수액에 시멘트 가루를 타서 뿌리는 작업으로 수분이 마르면 벽면이 코팅되면서 방수 효과를 볼 수 있다. 작업을 마치고 오후 4시 30분쯤 세종으로 출발했다.

〈건재상 비용 : 18,000원〉
고무대야(9,000원), 시멘트 1포(6,000원), 빗자루(3,000원)

〈방수액 비용 : 7,700원〉
완결(천천히 굳는다는 뜻) 방수액 1통(7,700원)

리빙우드로 깔끔하게 완공한 화장실 천장

액체 방수를 위한 완결 방수액

방수액에 시멘트 가루를 풀어놓은 상태

화장실 바닥과 벽체 아랫부분에 방수 액체를 뿌린 모습

4. 그 뜨겁던 여름, 힘겨웠던 실내 공사

화장실 타일공사 시작

드디어 타일 붙이는 작업을 시작한다. 세종에서 좀 일찍 출발해 7시 30분쯤 현장에 도착했다. 먼저 벽체 중간에 타일 붙일 기준선을 옆으로 그렸다. 불빛으로 수평을 띄우는 전자식 수평계가 없어서 40cm 수평계 막대의 물방울을 보면서 수평을 맞춰 매직으로 선을 그렸다. 벽면에는 30cm×60cm 크기의 타일을 사용하기로 했기 때문에 천장에서부터 4장의 타일을 붙일 수 있도록 120cm를 띄우고 선을 그렸다. 나중에 보니 전자 수평계 없이도 훌륭하게 기준선을 그릴 수 있었다. 장비도 없고 경험도 없어서 하나하나가 모험이고 도전이었지만 즐거운 마음으로 임했다.

타일 붙일 기준선을 그리고 나서 한숨을 돌리려고 마당에 나와보니 정화조가 불쑥 솟아오른 것이 보였다. 기초공사 하던 날 정화조를 묻고 나서 정화조에 수돗물을 가득 채워놓았었는데 살펴보니 정화조 속이 텅 비어 있었다. 며칠 전 큰비가 와서 정화조 바깥쪽에 물이 고여 정화조가 부력을 견디지 못하고 떠오르면서 안에 있던 물이 모두 쏟아진 것이다. 허탈했다. 앞으로 가기도 바빠서 정신이 없는데 끝냈던 일을 또다시 해야 하는 상황이 벌어져서 답답했다.

 일하면서 힘들었던 점은 시공을 잘못해서 다시 해야 할 때였다. 예를 들어 못을 잘못 박아 그걸 뽑아야할 때, 목재를 잘못 잘라서 다시 재단을 해야할 때, 선을 잘못 그려서 그걸 지우고 다시 그려야할 때는 몇 배의 힘과 시간이 들었다.

 하지만 멈춰있을 수는 없었다. 점심을 먹고 마을 분에게 타일 커팅기를 빌려와 오후부터 타일 붙이는 작업을 시작했다. 먼저 타일용 접착제 본드를 톱니 흙손으로 골고루 퍼서 바르고 기준선 위로 타일 한 줄을 붙여 나갔다. 그 줄 위에 붙이는 타일은 아래 타일과 정확히 절반이 어긋나도록 붙여 지그재그 디자인이 되도록 했다. 유튜브로 배우고 타일가게 주인 내외에게 설명 들은 대로 했지만 처음 하다 보니 속도도 안 났고 힘들었다.

 타일을 붙일 때 접착제 본드를 골고루 바르는 게 중요하다. 그래야 타일을 평평하게 붙일 수 있다. 전문가들은 한두 번 흙손질로 벽면에 본드를 고르게 바르는데, 완전 초보자인 나는 접착제 본드를 골고루 퍼기 위해서 같은 곳에 몇 번씩 흙손질을 해야 했다. 흙손질에 익숙하지 않아 맨손으로 풀을 벽에 바르고 흙손으로 펴고 했는데 손이 부르튼 상태에서 둥근 삽 흙손에 베이는 사고가 발생했다. 피가 멈추지 않고 계속 났다. 나는 임시로 지혈을 하고 계속 해서 풀을 골고루 퍼서 바르고 타일을 붙였다.

 작업 중에 앞집 우종문 씨가 놀러 와 '올해 안에 작업 마치겠냐'고 웃으며 물었다. 처음 공사를 시작하고 4주 만에 지붕공사를 완공했을 때만 해도 "와그키 집을 빨리 짓노. 후딱하네"하고 웃으며 말씀하시던 동네 이웃들도 실내공사가 길어지자 인부를 사서라도 빨리 끝내는 게 좋지 않겠냐는 뜻을 비치기도 했다. 사실 나도 공사 기간이 길어지면서 슬슬 지치고 힘도 들어서 마냥 농담으로 들리지만은 않았다.

화장실 벽체 한 면에 처음으로 타일을 붙인 모습

오후 5시 겨우 화장실 한 면에 타일을 다 붙이고 세종 집으로 출발했다. 마을에서 빌려준 숙소는 요즘 너무 더워서 잠을 자기 어려웠다. 그래서 면소재지 내 여관에서 자거나 집에 가서 자고 오거나 해야 했다. 나는 후자가 더 편할 것 같아서 120km를 운전해 집에 와서 맛있는 저녁과 함께 소맥을 마시고 잠이 들었다.

며칠 전 내린 큰 비에 떠오른 정화조

이 PD의 좌충우돌 4천만 원으로 11평 시골집 짓기

〈고속도로 안전운전 팁〉

세컨 하우스나 농막은 현재 살고 있는 집에서 보통 100km 거리 내에 있는 게 좋다고 한다. 그래야 주말에 오가는 데 어려움이 없다. 내 고향집은 세종시에서 120km 거리에 있다. 그래서 조금은 먼 듯한 느낌이 들기도 한다. 특히 시골에서 일을 하고 돌아올 때는 피곤해서 운전할 때 조심스러웠다. 고향에 기분 좋게 집을 지었는데 오가는 길에 교통사고라도 나면 안 될 일이다. 인명(人命)은 재천(在天)이 아니라 재차(在車)라는 말도 있다. 그런 점에서 고속도로 안전 운전은 중요하다.

고속도로 운전을 해보니 추월선인 1차로를 운전할 때 비해 주행선인 2차로로 운전할 때가 훨씬 덜 피곤했다. 무엇보다 안전하다. 추월선은 빠르지만 속도에 대한 부담감이 있다. 뒤차가 바짝 따라오기라도 하면 속도를 더 내거나 비켜줘야 해서 위험하다. 반면 주행선은 뒤차가 따라와도 내 속도대로 가면 그만이다. 조금 느리게 갈 뿐이지만 그것도 집에 도착해보면 크게 시간 차이도 나지 않는다. 고속도로를 자주 이용해야 하는 상황이라면 2차로인 주행선으로 천천히 운전하기를 권한다. 요즘은 고속도로에 졸음쉼터가 곳곳에 있어서 피곤할 땐 5분, 10분이라도 잠시 눈을 감고 누웠다가 다시 운전하는 게 꼭 필요한 것 같다.

떠오른 정화조 다시 묻어야 한단다

아침에 차를 몰아 다시 고향집에 와서 어제에 이어 타일 붙이는 작업을 계속했다. 하루종일 했는데도 화장실 실내 타일 공사를 마감하지 못했다. 타일 붙이는 작업이 손에 익어가면서 조금 속도가 붙기는 했지만 여전히 초보였다. 나중에 유튜브에서 보니 전문가들은 벽면에 풀을 바르는 속도가 훨씬 빨랐다. 풀 바르는 순서와 요령이 있었던 것인데 그때까지 나는 요령 없이 벽면에 풀을 골고루 바르기 위해 흙손질을 여러 차례 거듭 반복해서 시간도 오래 걸리고 힘들었다. 게다가 덥고 비좁은 공간에서 몸을 돌려 일하자니 힘은 더 들었다. 실내등이 없어 화장실은 금방 어두워졌는데, 깜깜해서 더 이상 일하기 어려울 때까지 작업을 했는데도 화장실 문이 있는 마지막 한 면을 마저 하지 못했다.

낮에 앞집 아들이 와서 타일은 처음 붙이는 게 아니냐면서 놀랐다. 30대 회사원인 그는 화장실 공사에 대해 어느 정도 아는 눈치였다. 그런 그가 잘했다고 하니 우쭐해져서 기분이 좋았다. 그 뒤에도 누군가 집 공사 현장에 오면 나는 "타일도 제가 붙였습니다"하고 자랑하곤 했다. 오후에 정화조를 묻었던 건설업체 사장이 와서 정화조 뜬 상태를 확인했다. 김 사장은 집터 바로 위가 논이라 앞으로도 정화조 밑으로 물이 찰 수 있으니 어차피 집터 경계에 U관을 묻어 물을 차단해야 한다면서 정화조는 그 공사를 할 때 다시 묻자고 했다.

일이 커지는 것 같아 조금 주저되었다. 즉답하지는 않았지만 집 둘레에 U관 매설 공사는 필요할 것 같았다. 돈만 충분하다면야 뭘 망설이겠는가 말이다. 점심은 콩국수를 사먹었다. 땀을 많이 흘려 주로 점심 메뉴는 냉면이나 콩국수를 찾게 된다. 이후 종합건재상에서 레미탈 5포를 샀다. 벽면 타일 공사를 마치면 바닥 타일 공사를 해야 하는데, 바닥 고르는 작업을 하기 위해 시멘트와 모래를 배합해 놓은 레미탈 즉 모르타르가 필요했다.

어둑어둑할 때까지 힘들게 작업을 하고 세종으로 와서 식구들과 함께 저녁을 먹었다.

화장실 타일 작업. 기준선 위를 먼저 붙임

처음인데도 깔끔하게 붙인 타일 모습

타일 위에 접착제를 잔뜩 묻혀가며 작업한 모습

접착제 바른 상태. 여러 번 덧칠해 초보자 티가 남

화장실 벽면 타일 완성 /
쭈꾸미(바닥 경사) 잡기

—

아침 7시에 어제 다 마치지 못한 화장실 타일 작업을 마저 하려고 고향 집으로 출발했다. 3일 연속 세종집과 의성 고향 현장을 오가고 있다. 그만 큼 이번 주에 꼭 타일을 마무리 짓겠다는 마음이 컸다. 오전 중에 마지막 한 면의 타일을 붙이면서 화장실 벽면 타일 공사를 완성했다. 제일 위 타 일이 천장의 리빙우드에 딱 맞아서 공사를 잘했다는 느낌이 들어 좋았다. 좀 쉬다가 화장실 바닥 경사 잡는 작업을 했다.

기초공사할 때 보일러실로 사용하려던 곳은 시멘트 기초 포장을 했기 때문에 화장실 바닥이 층이 졌다. 그래서 남은 목재를 잘라서 거푸집을 대 고 계단식으로 만들었고 바닥에 드러난 엑셀 호스가 보이지 않도록 묻어 야 했다. 화장실 바닥이 깊어 어제 사 온 레미탈 5포로는 부족할 것 같아 종 합건재상에서 5포대를 더 사 왔다. 총 10포의 레미탈 중 9포 반 정도를 바 닥에 쏟고 수평게 물방울을 보면서 완만한 경사를 잡았다.

화장실 바닥은 물이 하수구로 흘러내리도록 약간의 경사를 두어야 한 다. 그 경사 시공을 왜 그런지 모르지만 현장에선 쭈꾸미 잡기라고 하는데 나는 유튜브 영상을 보고 배웠다. 40cm 수평계의 물방울을 보면서 경사를 잡고 앞집에서 물뿌리개를 빌려와 물을 뿌리고 시멘트를 굳혔다. 흙손으로 표면을 매끈하게 하는 작업도 했다. 마침 깨를 털고 있던 앞집 부부가 구경을 왔길래 작업 상황을 보여주며 자랑했다. 3일간 세종을 오가며 일했더니 많이 피곤했다. 집으로 돌아오는데 운전도 힘들 정도였다.

〈레미탈(모르타르) 비용 : 55,000원〉
5,500원×10포

바닥 경사 잡기 중 큼지막하게 찍은 손도장

경사를 잡고 굳히기 위해 물을 뿌려줌

5

자! 이제
마감 들어갑니다

새벽 5시에 출발해 6시 30분쯤 고향집에 도착했다. 풀이 무성한 채, 정화조는 솟아있고 공사 진척은 되질 않아 마음이 무거웠다. 나는 지난주 작업했던 화장실 바닥의 거푸집 목재를 떼어보았다. 물을 덜 뿌려서인지 계단 옆면의 밑 부분에는 시멘트 가루가 그냥 있었다. 그래서 다시 거푸집을 붙이고 물뿌리개를 가져와 바닥에 물을 흥건하게 뿌려주었다. 이후 실내문을 달기 위해 문 주위의 본드를 스크래퍼(Scrapper)로 긁어냈다.

오늘은 현관문을 고쳐 달고 또 실내문도 달기로 했다. 오전 9시에 현관문 업체 김 사장이 실내문 두 짝을 화물차에 싣고 왔다. 김 사장은 목조아카데미를 함께 다닌 동기로 현장이 많아서 바쁘게 다니고 있는데 오늘에야 시간을 낼 수 있었다. 나는 그에게 현관문과 실내문을 부탁하며 문 다는 방법을 알려주면 내가 직접 달겠다고 했었는데, 그는 웃으며 문은 전문가들에게 맡겨달라고 했다. 문은 수평과 수직을 정확히 맞춰야 하고 문틈이 없도록 정확히 계산해서 잘라야 하는 고난도 작업이기도 했다. 그는 내가 없을 때 와서 현관문을 내 의도와는 달리 현관문을 달고 가는 바람에 미안해했는데 오늘에야 나와 시간을 맞출 수 있었다.

　그와 함께 오전에 현관문을 고쳐 달았다. 현관문을 뜯어내고 밑의 토대 조각을 문틀 위로 붙이고 현관문을 바닥에 내려 붙여 다시 달았다. 그동안 현관문이 잘못 달려있어서 외벽 마감을 못 했었는데 이제 시멘트 사이딩 마감을 할 수 있게 되었다. 이후 ABS 실내문인 안방문과 화장실 문 작업을 했는데 전자식 수평 수직계로 문틀을 먼저 달아놓고 점심을 먹으러 나왔다. 마침 장날이어서 시골장 구경도 함께 했는데 마늘이 필요하다는 김 사장은 마늘의 고장 의성에 와서 마늘 한 접을 4만원에 구입했다. 김 사장은 실내문을 마저 달고 2시쯤 작업을 마치고 돌아갔다. 실내문 두 짝 비용은 70만 원이라고 했는데 나는 멀리 와서 현관문도 다시 달아준 것이 감사해서 기름값 5만 원을 더해 드렸다.

　이후 나는 안방과 거실에 단열재 넣는 작업을 했다. 단열재 인슐레이션을 천장 장선 사이와 벽면 스터드 사이에 끼우고 태커로 고정했다. 단열재가 사이즈에 맞게 제작되어 목재 사이에 꼭 끼워 넣기만 하면 되는 어려운 작업은 아니었지만 사다리를 옮겨가며 천장에 오르내리자니 힘이 들었다. 7시 넘어 어둑할 때까지 했는데도 아쉽게 다하지 못하고 세종으로 돌아왔다.

〈실내문2 설치비용 : 700,000원〉
ABS 실내문2(안방문(2053×800), 화장실문(1900×700)), 현관문 재설치

안방과 화장실에 설치한 ABS 실내문

콘크리트 바닥으로 다시 내려 단 현관문　　천장 장선 사이로 단열재를 끼우고 태커로 고정함

이 PD의 좌충우돌 4천만 원으로 11평 시골집 짓기

1, 3번 벽체 시멘트 사이딩 작업 / 자두농장 정자 틀 용접

새벽 5시에 아들과 함께 고향집으로 출발했다. 도착해서 바로 집 주변 잡초를 예초기로 깎았다. 집짓느라고 돌보지 않았더니 마당에 잡초가 키만큼 무성하게 자라 있었다. 앞집에서 예초기 하나를 더 빌려주어서 아들과 나는 두 대로 마당에 수북한 잡초를 모두 깎았다. 이후 길쭉하고 휘청휘청 해서 혼자서 들기 힘든 외벽 마감자재 시멘트 사이딩 공사를 아들이 있는 동안 하기 위해서 1, 2번 벽체 아랫부분에 벌레망 철망을 태커로 박았다. 이곳은 시멘트 사이딩 아랫부분 약 1cm 공간으로 환풍구 역할도 하는데 마지막에 벌레망 철망이 좀 부족했다. 어떡해야 할지 고민하고 있는데 아들이 남은 것을 절반으로 잘라서 쓰자고 제안했다. 임기응변도 좋고, 똑똑해서 흐뭇했다. 벌레망을 다 붙이고 아들과 2번 벽체에 시멘트 사이딩 붙이는 작업을 시작했다.

아들과 사이딩을 붙이고 있는데 10시쯤 작은누나네 식구들이 도와주러 오셨다. 누나와 작은매형, 조카가 멀리 전주에서 시간을 내 와주니 고마웠다. 오랜만에 공사 현장이 사람들로 북적였다. 마을 이웃들도 구경 와서 작은누나와 대화했다. 나는 사람이 많은 틈에 그동안 못했던 일을 하려고 서둘렀는데도 오후 1시 가까이 되어서야 앞쪽 2번 벽체 사이딩 마감 공사를 완성할 수 있었다.

점심을 먹고 난 뒤 1번 벽체 시멘트 사이딩 작업은 아들과 조카에게 맡기고 작은매형과 누나, 나는 선산에 가서 부모님 산소에 참배했다. 그리고 자두나무 과수원에 정자를 지을 수 있도록 작은매형과 함께 100×100mm, 100×50mm 각파이프를 용접했다. 작은 매형은 용접 경험이 있어서 초반에는 수월하게 해나갔는데 사다리가 없어서 윗부분까지 다하지는 못했다. 아들과 조카도 1번 벽체 사이딩 공사를 마무리하지는 못 했는데 갈 길이 멀어 저녁 6시쯤 작은누나 식구는 집으로 돌아가고 아들과 나는 세종으로 왔다. 더위에 고생한다고 힘을 보태주신 작은누나 가족이 무한히 감사하다.

시멘트 사이딩을 붙여 2번 벽체를 마감함

정자를 짓기 위해 각파이프를 용접하는 작은 매형 모습

5. 자! 이제 마감 들어갑니다

벽체 시멘트 사이딩 완성

세종에서 아들과 아침 밥을 먹고 고향집으로 다시 향했다. 매일 먼 길을 운전하자니 좀 피곤했다. 아들과 고향집 현장에 도착해 어제 마무리하지 못했던 1번 벽체 시멘트 사이딩 작업을 마무리했다. 마지막 맨 윗부분 시멘트 사이딩이 처마와 딱 붙질 않아 고민이었는데 처마 유턴박스(제이찬넬)를 고정했던 피스를 풀어 높이를 조정하고 다시 피스를 박으니 일자로 딱 붙어서 보기 좋았다.

마감이라 조금 더 시간이 걸렸다. 아들과 점심을 먹고 오후에도 작업을 했는데 몸이 한계 상황에 온 것 같았다. 아들이 사이딩 윗부분에 벌레망 박는 작업을 하는 사이에 나는 지난번에 다하지 못했던 천장과 벽체에 단열재 넣는 작업을 하려고 했는데 힘들어서 더는 못하고 세종으로 돌아왔다. 많이 피곤했다.

시멘트 사이딩으로 모든 외벽체 공사를 마감함

1번 벽체 뒤에 지쳐 앉아 있는 모습

5. 자! 이제 마감 들어갑니다

단열재 작업 완료

—

아침 일찍 고향으로 출발했다. 할 일이 많아 두서없이 무엇부터 하나 생각이 많았다. 벽체 안쪽에 붙일 합판을 사둘까 하다가 태풍이 온다니 비바람 부는데 마당 야적장에 천막으로 덮어 두는 것도 좋지 않을 것 같아서 실내의 남은 일을 하기로 했다. 먼저 단열재 인슐레이션 못 채운 곳을 모두 채워 넣고 이후 화장실 바닥공사를 마무리할 계획이었다.

그런데 천장과 벽체에 단열재 끼워 넣는 작업을 하면서 사다리를 오르내렸더니 체력이 소진되었다. 단열재 넣는 작업을 완료하니 오후 1시였다. 점심을 사 먹고 돌아와 화장실 공사를 하려는데 몸이 처졌다. 그래도 힘을 내서 화장실 바닥에 타일 붙일 곳을 레이아웃하고 연필로 그렸다. 바닥 귀퉁이 부분에 들어갈 타일은 폭에 맞게 잘라두었다. 바닥 타일은 30×30cm 크기로 벽체에 붙인 타일보다 강도가 훨씬 강해 자르기가 조금 더 힘들었다. 그렇게만 했는데도 날이 어두워졌다.

나는 마을에서 자고 내일 일을 하고 갈까 고민했는데 여름내 숙소를 이용하지 않은 터라 숙소에 가기도 그렇고 어디 갈 곳도 마땅치 않다는 생각에 몸도 힘들고 마음도 서글퍼 세종집으로 향했다.

천장에 단열재를 다 끼워 넣은 모습

단열재와 스트롱 백과 전선관이 보이는 지붕 내부

5. 자! 이제 마감 들어갑니다

화장실 바닥타일 완성

—

어제 하루는 세종 집에서 쉬었다. 쉬면서도 화장실 바닥 타일 작업을 해야한다는 생각만 가득했는데 아침 7시에 시골로 출발했다. 초대형 태풍 힌남노 소식이 있어서 조금 주저되었지만 의성군 날씨를 살펴보니 오후에나 비가 온다고 예보되어 있었다.

아침 8시 47분부터 일을 시작했다. 먼저 화장실 바닥 몇 군데에 시멘트 모르타르를 부어 경사를 바로 잡았다. 그리고 백시멘트와 압착 시멘트를 반반씩 섞어 타일 붙일 반죽을 만들었다. 시멘트를 물에 섞는 기계가 있으면 좋았으련만 없으니 그냥 손으로 반죽을 했다. 벽면 타일은 접착제 본드로 붙이지만 바닥 타일은 백시멘트와 압착 시멘트를 반반씩 섞어만든 반죽으로 타일을 붙인다.

백시멘트는 굳으면 돌처럼 딱딱해지고 압착 시멘트는 타일을 바닥에 접착시키는 역할을 한다. 반죽을 만들고 나서 화장실 안쪽 바닥부터 타일을 붙이기 시작했다. 이틀 전에 모서리에 들어갈 타일을 크기에 맞게 잘라놓아서 타일 자르는 일 없이 수월하게 작업을 했다. 초보자에게는 타일을 면적에 맞게 자르는 것도 시간이 꽤 걸리는 일이었다. 화장실 바닥 절반 정도를 순조롭게 타일을 붙였는데 하수구인 유가 부분에서 다소 문제가 발생했다. 유가의 크기가 커서 3cm 정도 벽면 타일을 뜯어내고 안쪽으로 넣어야 할 상황이었다. 벽체 밑에 타일을 뗐다가 다시 붙이는 작업도 힘들지만, 무엇보다 방수에 문제가 생기지 않아야 했다.

그래서 유가를 바닥에 설치하는 데 시간이 꽤 걸렸다. 유가 설치 이후에는 순조롭게 나머지 공간에 바닥 타일을 붙였다. 타일을 다 붙이고 나서 두들겨서 압착 상태를 확인했는데, 흔들리는 타일이 3개가 있어서 뜯었다가 다시 붙였다. 타일을 다 붙이고 스펀지에 물을 묻혀 타일 위를 곱게 닦아주었다. 작업은 오후 3시 지나 마쳤고 정리 후에 세종 집으로 돌아왔다.

백시멘트와 압착 시멘트를 반씩 섞은 반죽으로 바닥 타일을 붙임

천장에 합판을 붙이다

내일이 추석이라 집에 온 아들을 깨워 아침에 고향으로 향했다. 혼자 하기 힘든 작업을 도와주었으면 했는데 아들도 흔쾌히 일어나서 고마웠다. 11시쯤 면 소재지 종합건재상으로 바로 가서 실내용 9mm 합판 28장을 56만 원에 구입했다. 벽체와 지붕체 밖에 붙인 합판은 12mm로 두꺼운 데 반해 실내용 합판은 9mm라서 조금은 더 가볍기는 하지만 그래도 혼자 들어 천장을 붙일 수 있을 정도는 아니다.

종합건재상에서 합판 28장을 화물차로 배달해주었다. 아들과 나는 합판을 내리고 공사하고 남은 리빙우드 2장을 화물차에 실어 반납했다. 둘이 힘을 합해 단열재가 들어가 있는 안방과 거실 천장에 합판 붙이는 작업을 했다. 두 사람이 힘을 합해 합판을 들어 천장에 빈틈없이 대고 못총으로 박아 고정해 나갔다. 합판을 붙일 때 주의할 점은 합판의 끝부분은 장선이나 스터드 목재에 박아줘야 한다는 것이다.

천장의 장선은 2피트 간격으로 되어 있고 스터드는 16인치 간격으로 되어 있어서 합판의 폭인 4피트(48인치)나 8피트(96인치)와 만나는 위치에 있다. 따라서 합판의 끝부분을 장선이나 스터드 목재의 중간에 맞춰서 박아줘야 한다. 그렇게 해야 합판 끝부분이 휘거나 뜨지 않고 구조재와 잘 결합할 수 있다. 작업할 때 미리 스터드나 장선의 중간 부분에 연필 선을 표시해 합판 붙이는 작업에 도움이 되도록 했다.

아들과 함께 거실과 안방 천장에 합판을 다 붙였다. 그리고는 그때까지도 스터드로만 되어 있던 안방 내벽체 한쪽 벽에 합판을 박고 남아 있던 단열재를 끼워 넣었다. 단열재를 모두 시공하고 나니 그동안 단열재로 꽉 차 있던 안방이 훤해졌다. 무엇보다 합판을 천장에 붙이는 작업 같은 혼자 할 수 없는 일이 끝났다고 생각하니 마음이 홀가분해졌다. 이제 남은 일은 조금 힘들더라도 혼자 할 수 있는 일들이었다. 완공까지도 얼마 남지 않은 듯한 기분이 들었다. 오늘 흔쾌히 시골에 따라와 준 아들이 고마웠다. 세종엔 8시쯤 도착해 가족들과 함께 저녁을 먹었다.

〈합판 구입 비용 : 560,000원〉
합판(4×8) 9mm 20,000원×28장

튀어나온 못은 망치로 박아 마무리

아들이 합판을 천장 장선에 못총으로 박는 모습

이 PD의 좌충우돌 4천만 원으로 11평 시골집 짓기

추석, 가족과 함께 성묘하고 타일도 붙이다

—

추석이다. 온 가족이 내 고향에 가서 성묘하고 공사 현장도 둘러본 뜻깊고 즐거운 하루였다. 아침 6시에 서둘러 출발해 고향 집엔 8시쯤 도착했다. 아내와 두 딸이 집안 바닥 청소와 화장실 타일에 묻은 본드를 닦는 동안 아들과 나는 장화를 신고 가야 하는 고조부모 산소에 가서 벌초를 했다. 벌초 후 준비해 간 제수를 올려놓고 절을 드렸다. 이후 집에 가서 남은 식구들과 함께 선산으로 가서 성묘했다.

증조부모, 조부모, 부모님 산소를 차례로 벌초하고 제수를 놓고 절을 올리니 뜻깊은 경험이었다. 성묘를 마치고 부모님 산소 앞에서 차려간 음식을 나눠 먹으며 즐거운 시간도 보냈다. 이후 집으로 돌아와 싱크대 앞 벽에 타일을 붙였다. 싱크대는 물을 사용하는 공간이라서 물 닿는 벽에는 타일을 붙이기로 했다. 아들과 딸들이 도와주어서 가족 모두에게 즐거운 추억이 되었다.

주방에 타일 붙일 때는 나도 타일 작업에 많이 숙달된 상태였다. 화장실 타일공사를 혼자 했더니 자연히 그렇게 되었다. 벽면에 접착제 본드도 흙손질 한 두 번에 빠르게 골고루 바르게 되었고, 화장실 공사 때만 해도 흙손질이 익숙하지 않아 손과 타일 여기저기에 본드를 묻혔었는데 이번에는 손도 타일에도 전혀 풀을 묻히지 않고 깨끗하게 작업했다. 식구들이 그런 내 모습을 보고 웃으며 전문가 같다고 감탄했다.

오후 4시쯤 출발해 너무 늦지 않게 세종에 도착했다. 오랜만에 가족 모두가 함께한 행복한 추석이었다. 이러한 즐거움도 고향에 집이 있기에 가능한 것이 아니겠는가.

가족과 함께 추석 성묘하는 모습

이 PD의 좌충우돌 4천만 원으로 11평 시골집 짓기

딸, 아들과 함께 주방 벽에 타일 붙이는 모습.
고르게 바른 접착제를 볼 수 있음

〈누구나 전문가가 될 수 있다〉

목수아카데미에서 함께 배운 20여 명의 수강생 중 현장 일 경험이 없는 초보자들은 금방 티가 났다. 전동 드라이버 사용도 마찬가지였다. 드라이버에 나사못인 피스를 돌려 박는 단순한 작업인데도 그랬다. 피스를 다 박을 때쯤 손가락으로 방아쇠를 섬세하게 조정해 드라이버 회전속도를 늦추고 피스 머리가 목재 표면과 일치하도록 해야 하는데 처음에는 그게 잘 안된다. 그래서 드라이버 모터 소리만 들어도 초보자라는 걸 금방 알게 된다. 나도 그랬다. 처음엔 피스 박은 것도 서툴렀는데 집 짓는 동안 1,000개를 넘게 박다보니 어느새 전동 드라이버에서는 전문가 소리가 났다. 타일 붙이는 일도 마찬가지다. 흙손질도 처음 해보면 옷이나 손에 접착제와 시멘트 모르타르를 여기저기 묻히게 되지만 숙달된 사람들은 작업을 하고 나도 깨끗하다. 벽에 타일 접착제를 바를 때도 처음에는 흙손질을 같은 곳에 여러 번 해도 골고루 바르기 힘들었는데 요령을 터득하면서 한 두 번 흙손질로 벽체 한 면을 고르게 바를 수 있었다. 초보자들은 일이 손에 익어가면서 전문가가 되어간다. 집 한 채를 다 짓고 나면 처음에는 서툴렀던 일들도 능숙하게 할 수 있게 된다. 어느 곳에서나 배움이 있고 숙달되면서 얻는 즐거움도 있다.

벽체 합판을 붙이다

―

아침 7시쯤 고향으로 출발했다. 9시쯤 도착한 후 바로 9mm 합판을 벽체에 붙이는 작업을 시작했다. 벽체에 합판 붙이는 일은 힘들지만 혼자 할 수 있었다. 콘센트 구멍 등은 측량해서 합판에서 미리 잘라내고 붙여야 해서 시간이 좀 걸렸다.

점심때쯤 앞집 우종문 씨가 부침개와 맥주를 가져와서 함께 대화하며 먹었다. 부침개는 내가 거의 다 먹었는데 그걸로 점심 요기를 대신했다. 우 씨는 요즘 숙소에서 안 자느냐고 묻고 그럼 이제 더 사용 안 해도 되지 않겠냐고 넌지시 물었다. 아마도 이제 방을 빼줘야 할 상황인 것 같았다. 나는 오후에 종합건재상에 가서 실내 합판 위에 붙일 석고보드 47장과 천장과 바닥 귀퉁이에 붙일 몰딩 자재를 구입하고 배달을 부탁했다. 잠시 후 화물차로 석고보드 등이 배달되었다.

자재를 내리는 중에 만난 부녀 회장을 통해 숙소 방값으로 얼마간 사례하고 오늘 마지막으로 자고 내 짐을 모두 빼겠다고 전했다. 짐이라야 냉장고에 김치와 상한 빵 등이 있을 뿐이지만 말이다. 어두워질 때까지 합판을 벽에 붙이는 작업을 하고 숙소에 가서 씻고 컵라면을 먹고 잤다. 피곤해 잠들었는데 새벽 일찍 깨서 밤새 뒤척였다.

〈석고보드 비용 : 188,000원〉

3×6피트 석고보드(4,000원×47장)

〈몰딩 비용 : 66,000원〉

화장실용 PVC몰딩(2,500원×5장), 천장용 30mm 몰딩(2,000원×13장),
걸레받이 45mm 몰딩(2,500원×11장)

안방과 거실 벽에 합판을 붙임

5. 자! 이제 마감 들어갑니다

9.18(일)
실내 석고보드

—

시골 숙소에서 잠을 자고 날이 밝자 짐을 모두 챙겨서 나왔다. 마을에서 빌려준 이 숙소에서 모두 21일을 잤다. 처음 왔을 때 3년 전 달력과 호랑이 유화가 벽에 걸려 있어서 좀 무섭고 낯설었지만 이제는 한결 편안하고 익숙해졌다. 하지만 앞으로는 더 이 집에서 잘 일은 없을 것 같다. 공사현장 근처에 잠자리가 있어서 큰 도움이 되었다. 나는 집주인에게 얼마간 사례비를 드렸다. 숙소를 흔쾌히 빌려준 마을 분들에게 감사한 마음이다.

현장에 와서 실내문 윗부분 등 합판을 붙이지 못한 공간에 합판을 잘라 붙였다. 작업 중에 합판에 콘센트 구멍을 미리 내지 않고 합판을 붙이는 바람에 떼 냈다가 다시 붙이는 일도 두 차례 정도 있었다. 콘센트 전선 뽑아놓은 곳을 모르고 합판으로 그냥 덮었으면 어땠을까. 미리 발견했으니 망정이지 생각해보면 아찔하다.

합판을 다 붙이고 그 위에 석고보드를 안방 천장에서부터 붙이기 시작했다. 석고보드는 보온 작용과 함께 불이 났을 때 얼마간 방화벽의 역할을 하기 때문에 목조주택에서는 꼭 필요한 실내 마감재이다. 석고보드의 크기는 3피트(36인치)×6피트(72인치)로 16인치와 2피트(24인치) 간격인 스터드와 장선에 석고보드 끝을 맞출 수가 없다. 그래서 석고보드 가운데 부분은 장선과 스터드에 피스를 박더라도 석고보드 끝부분은 그냥 합판에 박아야 했다. 석고보드는 합판보다는 작아서 조금은 더 가볍지만 그래도 혼자 들고 천장에 피스로 박기는 쉽지 않다. 도와줄 사람이 없는 나는 어쩔 수 없이 혼자 작업을 했는데 석고보드에 미리 피스를 박아놓고 작업을 하니 조금은 더 수월했다.

앞집에서 어제 제사를 지냈다며 아침을 먹으러 오라고 했다. 가보니 갖가지 고기며 부침개, 나물무침 등이 있어서 제사를 정성스럽게 지낸 것을 알 수 있었다. 나는 그 댁 제삿밥 비빔밥을 얻어먹었다.

종일 혼자 힘들게 석고보드 붙이는 작업을 해서 안방과 거실 천장은 다 붙였다. 그리고 안방 벽까지는 붙였지만 거실 벽은 붙이지 못하고 작업을 마무리했다. 일을 마치니 어둑해지기 시작했다. 날이 짧아지고 있음을 느끼며 세종으로 출발했다.

안방 천장과 벽에 석고보드를 붙임

주방 천장 위에는 남은 방수 석고보드를 붙임

5. 자! 이제 마감 들어갑니다

혼자 작업하기 쉽도록 먼저 석고보드에 피스를 박음

⟨제삿밥 나눠 먹는 풍습이 남아 있는 고향마을⟩

앞집 아들이 어제 제사를 지냈다며 아침을 먹으러 오라고 했다. 그러면서 "제삿밥은 원래 나눠 먹는 거잖아요"라고 말했다. 의성 지역에선 제사를 지내고 나서 밥에 나물을 얹어 간장에 비벼 먹는다. 그럼 나물 본연의 맛을 느낄 수 있어서 담백하고 맛있다. 절대 고추장으로는 비벼 먹지 않는다. 안동에 가면 그런 식의 헛제삿밥을 시중에서 사 먹을 수 있다. 제삿밥을 좋아하던 고을 원님에게 마을에 제사가 없는 날은 헛제삿밥을 지어 올렸더니 맛이 다르다고 했다는 이야기도 전해진다. 그리고 제사를 지내고 나면 복을 나눠 먹는다는 뜻의 음복 행사를 한다. 술과 밥을 이웃과 나눠 복을 나눈다는 멋진 풍습, 나는 제삿밥을 나눠먹는 그 멋진 풍습이 아직 남아 있는 고향마을이 좋다.

싱크대 주문제작 및 컴프레서 수리

　오늘은 아내와 함께 대전 건설건축특화거리에 있는 싱크대 공장에 가서 고향 집에 설치할 싱크대를 맞추었다. 이런저런 선택사항을 결정해 125만 이 들었다. 각종 장식 모양과 색상 등은 전적으로 아내가 원하는 대로 했다. 나는 싱크대를 잘 몰라서 아내가 상담하는 동안 근처에 있는 컴프레서 가게에 가서 고장 난 컴프레서를 맡기고 왔다.

　컴프레서는 에어 탱크이다. 공기를 압축해 고무 호스로 보내주고 태커, 못총, 에어건 등 에어 공구를 사용할 수 있게 해준다. 나는 처음에 컴프레서가 뭔지도 몰랐지만 목조주택 건축에는 꼭 필요한 장비이다. 목조주택을 짓기 위해서는 3.5마력 이상의 컴프레서가 필요하다. 새 제품의 경우 40만~50만원 정도 한다.

　나는 저렴하게 구입할 수 없을까 하고 찾아보다가 건설건축자재특화거리에 있는 컴프레서 가게에 가서 5.5마력 중고 제품을 25만 원에 구입했었다. 주의할 점은 컴프레서는 전기에 매우 민감하다는 것이다. 전류가 항상 일정해야 한다. 컴프레서를 구입할 때 가게 주인은 멀티탭을 절대로 사용하면 안 된다고 주의를 주었다.

그런데 공사 기간이 몇 달 지나는 동안 그 말을 까맣게 잊고 커피포트로 물을 끓이기 위해 멀티탭에 컴프레서를 꽂아 한동안 사용했던 것이 화근이 되어 컴프레서 모터가 타버렸다. 결국 모터를 교체하는 비용으로 17만 원이 들었다. 중고 컴프레서는 모터를 새것으로 교체한 뒤 지금도 힘차게 돌아간다.

〈컴프레서 수리비용 : 170,000원〉
에어뱅크 A50-80-AB550 2017년식 추정, 5.5 HP, 모터 교체
　* 멀티탭 사용 주의

2017년식으로 추정되는 5.5마력 중고 컴프레서

9.24(토)

석고보드 작업 완료

—

　새벽 5시 20분에 고향으로 출발해 7시 30분부터 일을 시작했다. 오늘은 지난주에 이어 거실 벽체에 석고보드 붙이는 작업을 했다. 금방 끝날 줄 알았는데 일이란 게 원래 그렇듯이 벽체 아랫부분에 석고보드 원판을 붙이는 데만 오전 시간이 다 갔다. 원판을 다 붙이고 오후에는 석고보드를 잘라 벽체 윗부분에 붙이고 석고보드 자투리로 창문 위 아래에 붙였다. 화장실 천장에 붙였던 색이 진한 방수 석고보드 자투리는 습기 차단을 위해 싱크대 천장 부분에 붙였다.

　석고보드 작업을 마무리하니 오후 3시가 지났다. 이후 화장실 타일에 메지 넣는 작업을 좀 더 할까 했지만 너무 힘들어서 작업을 더 진행하지 못했다. 대신 타일로 마감한 화장실과 주방 앞 창문 모서리에는 스텐을 그라인더로 잘라 맞춰 넣으려다 스텐이 깨끗하게 잘라지지 않아 고민하게 되었다. 스텐 넣는 방법을 바꿔야겠다고 생각했다. 오늘 그래도 석고보드를 다 붙였다는 점에서 뿌듯했다. 사실 일을 적지 않게 했다. 다 못해 아쉽지만 만족했다.

거실 벽체에 석고보드 붙이는 작업을 완공함

화장실 타일에 메지(Meji) 넣기

—

아침 6시쯤 고향으로 출발해 8시부터 작업을 시작했다. 오늘은 화장실 타일에 메지(Meji) 넣는 작업에 전념했다. 화장실 타일을 닦고 타일 사이를 청소하는데 오전 시간이 다 갔다. 낮에는 동네에서 소개한 현지의 도배 장판업자가 와서 견적을 내주었는데 도배는 광폭합지 51만 원, 장판은 두께 1.8T에 43만 원을 불렀다.

나중에 아내에게 물어보니 너무 비싸다고 했다. 내가 시골에서 작업하며 느꼈던 점은 공사비나 인건비가 너무 비싸다는 것이다. 그렇게 비싼 데는 자재를 시골까지 멀리 운송해 온 유통비용 때문일 수도 있겠지만 시골에는 기본적으로 일거리가 적고 또 업체들은 거의 독과점인 경우가 많아서인 것 같았다.

도배 장판을 비롯해 타일 시공 등 모든 것이 대전의 건설건축자재특화거리 가게들과 비교했을 때 상당히 비싼 것은 사실이다. 그래서 나는 웬만하면 직접하는 게 마음이 편했다. 그렇지만 도배는 동네 분이 소개해준 관계도 있고 해서 맡기기로 했다. 장판은 내가 직접 깔기로 했지만 아무래도 도배를 직접하는 건 무리인 것 같았다.

칼국수 한 그릇을 사 먹고 오후부터 본격적으로 화장실 타일에 메지 넣는 작업을 했다. 백시멘트를 반죽해서 타일과 타일 틈 위에 올리고 고무 헤라로 밀어 넣는 작업이다. 화장실 벽을 먼저하고 바닥 타일에도 메지를 채워 넣었다. 이후 타일 벽과 바닥을 닦는 작업을 했다. 메지를 넣고 걸레로 닦아내니 화장실 타일은 진가를 드러냈는데 색이 너무 곱고 보기 좋았다. 저녁 7시 가까이 되니 벌써 어둑어둑했다. 너무 어두워지기 전에 겨우 작업을 마치고 세종으로 돌아와 맥주를 마시고 잠들었다.

메지 넣기 전에 타일을 닦고 틈을 청소함

메지 넣을 백시멘트 반죽

메지를 넣고 깨끗이 닦아낸 화장실 벽과 바닥

5. 자! 이제 마감 들어갑니다

6

자꾸 떠오르는 정화조!
어쩌란 말인가요

정화조 다시 묻기와 U관 설치

—

　새벽 5시쯤 집을 나서 6시 30분쯤 시골에 도착했다. 그동안 솟아있던 정화조를 다시 묻고 또 집 뒤꼍에 콘크리트 U관을 묻기로 한 날이다. 나는 먼저 도착해서 정화조 부근 쓰레기를 치웠다. 종이박스와 철사, 쇠붙이, 나뭇조각, 비닐, 아스팔트 싱글 조각 등이 널려있었다. 7시쯤 도착할 줄 알았던 건설업체 김 사장은 02(공투) 포클레인 1대와 U관을 실은 트럭 1대 그리고 작업자 1명을 대동하고 8시가 되어 나타나 빗물에 떠오른 정화조 다시 묻는 작업을 시작했다. 나는 오랜만에 각도 톱을 설치하고 안방과 거실 천장에 붙일 몰딩을 잘라 모서리에 박는 작업을 했다. 몰딩은 도배하기 전에 해놓아야 도배를 깔끔하게 마감할 수 있다.

　한편 작업자들은 정화조를 다 묻고 나서 윗 논과 집터 사이 경계에 콘크리트 U관을 묻을 차례인데, 작업 직전에 화물차에 싣고 온 폭 30cm U관이 10개밖에 없으니 경계선의 중간 부분까지만 묻을 수 있다고 했다. 집터 경계선의 길이를 볼 때 길이 2m U관 20개가 필요한데 지금 10개밖에 없다는 것이다. 황당했고 화가 났다. 어제 통화할 때 자신에게 폭 60cm U관밖에 없는데 그건 가정집에 설치하기엔 너무 크다며, 30cm U관을 구하고 있는데 잘 안 구해진다고 했다. 그래서 나는 구하면 그걸로 하지만 못 구하면 그냥 60cm 관을 가져오라고 분명히 말했던 것이다. 나는 큰소리로 그게 무슨 말이냐고 한소리를 했다. 내가 어제 큰 걸로 가져오라고 하지 않았느냐 사람들 다 불러놓고 그게 무슨 소리냐고 하니 그도 할 말이 없었던지 말을 못 했다.

그렇게 시간이 늦어졌고 점심 먹으러 나갔다 올 시간도 없어서 내가 식당에 가서 밥 5인분을 포장해 와 먹고 오후 작업을 시작했다. 결국 그들이 다시 가져온 것은 폭 50cm U관 20개였다. 여러 가지로 참 요지경 속이란 생각이 들었다. 그 사람들은 작업을 늦게 시작해서 오늘 다 못한다는 말도 했다. 나는 마음이 급해서 오늘 마무리해달라고 부탁까지 했다.

두 사람은 화물차로 50cm U관 20개를 실어 날랐는데 화물차에는 한 번에 4개만 실어 올 수 있었다. 그리고 두 사람은 포클레인으로 U관을 묻을 수 있도록 집터 경계선을 파고 옮겨온 U관을 묻기 시작했다. 일손이 부족해 나도 포클레인으로 U관을 들 수 있도록 화물바, 속칭 깔깔이바 고리를 걸어주는 작업을 도왔다. 콘크리트 U관은 엄청나게 무거운 것이었다. 사람의 힘으로는 꼼짝하지도 않는다. U관을 포클레인으로 들어 놓을 때는 정말 신중하게 안전에 신경 쓰며 작업을 했다.

작업은 서둘러 진행되어 오후 3시 30분쯤 U관 20개를 다 묻을 수 있었다. 손발이 맞으니 그리 오래 걸리는 작업은 아니었다. 이후 할 일이 없어진 김 사장은 말도 없이 사라졌고 함께 온 일꾼도 먼저 퇴근한다고 갔다. 포클레인 기사는 열심히 땅을 고르게 펴는 작업을 했다. 그렇게 하루가 마무리되나 했는데 내가 우연히 정화조 뚜껑을 열어 살펴보다가 정화조 윗부분이 쪼개지기 시작한 것을 발견했다. 나는 김 사장에게 다시 와서 확인해야겠다고 전화했고 김 사장도 와서 확인하고는 정화조가 쪼개지는 것은 처음 본다며 교체해야 한다고 했다. 나는 사람들을 철수하라고 하고 속상한 마음으로 힘든 하루를 마감했다. 차를 몰아 세종에 오니 오랜만에 아내와 딸들로 북적였다.

〈U관 매설 비용 : 1,800,000원〉
02 포클레인(600,000원), 인건비(250,000원×2명),
500×2000mm 중고 U관(20,000원×20개), 화물차(300,000원)

다시 묻은 정화조 윗부분에 쪼깨짐이 발견됨

정화조를 다시 묻기 위해 파내는 모습

50cm 폭의 U관을 차에서 내리는 모습

U관을 포클레인으로 들어 내려놓는 모습

길이 2m U을 아래부터 놓아 경사지게 함

6. 자꾸 떠오르는 정화조! 어쩌란 말인가요

〈길가에 집 못 짓는다〉

U관 묻을 때 집에는 30cm 관을 묻어야 한다 아니다 60cm도 괜찮다 하는 등의 의견이 분분했다. 집을 짓는 동안에 이런 일은 다반사였다. 건축 현장에는 동네 분들은 물론이고 낯선 분들도 가끔 구경을 오셨는데 도움이 되라고 한마디씩 의견을 말씀하셨다. 어느 분은 안방에 창문을 하나 더 내야 한다고 하셨고, 어느 분은 거실 창을 더 큰 것으로 했으면 좋았겠다고 하셨다. 다른 분은 건물 방향을 좀 더 남향으로 앉혔어야 했다고 했고, 또 다른 분은 기초를 더 높이 해야 했다고 하셨다. 구경 오신 분들이 한마디하고 가면 나는 정말로 그런가 하고 한동안 고민하지 않을 수 없었다. 물론 그중엔 도움되는 지적도 있었다. 보일러실을 작은 집안에 두면 가스 냄새로 큰일 난다는 말을 듣고 보일러실을 밖에 따로 만들었다.

하지만 대부분은 건축에 대한 각자의 취향이거나 현실적으로 도움 안 되는 지적들이었다. 그분들이야 도움을 주기 위해 하신 말씀이겠지만 나에게는 여간 성가신 게 아니었다. 그래서 어느날 마을 어르신에게 "구경하는 사람마다 한마디씩 해서 못 살겠다"고 했더니 그분께서는 "그래 그래서 길가에 집 못 짓는다 카잖아"라고 말씀하시면서 웃으셨다. 길가에 집을 짓다 보면 지나는 사람들이 다 한마디씩 하는데 어떤 사람은 이건 이렇게 해야 한다고 하고 다른 사람은 그걸 그렇게 하면 안 된다고 해서 그 말을 들으면 결국 이도 저도 할 수 없다는 뜻이다. 집 짓는 사람은 다른 사람들의 말에 휘둘리지 말고 자기 주관대로 해야 한다. 짧은 속담에 조상님들의 지혜가 들어 있음을 느꼈다.

몰딩 및 창틀 마감

—

세종에서 자고 아침 일찍 출발해 8시 30분부터 다시 일을 시작했다. 어제에 이어 벽체 위 아래에 몰딩 돌리는 작업을 했다. 나무색의 몰딩을 천장과 바닥에 붙이면 실내 공간이 각이 잡히고 그 상태로 도배를 하면 깔끔하게 마감할 수 있다. 나는 먼저 벽체 아랫부분 몰딩인 걸레받이 붙이는 작업을 했다. 바닥에 물걸레질을 해도 걸레받이가 있으면 벽지를 더럽히지 않기 때문에 걸레받이라고 불리는 것 같다. 나무 소재인 몰딩을 태커 F30으로 박으니 벽체에 쉽게 고정되었다. 나는 몰딩의 길이를 재서 연결부분과 코너 부분을 각도 톱으로 45도로 잘라 빈틈없이 연결했다. 약 1시간 만에 안방과 거실의 걸레받이 작업을 마쳤다. 이제 도배와 장판을 해도 되는 상태가 되었다.

이후 화장실 천장 몰딩 작업을 했다. 화장실은 습기가 있는 곳이다. 벽체는 타일로 천장은 플라스틱인 리빙우드로 마감되어 있기 때문에 화장실 몰딩 자재는 플라스틱 재질로 되어 있다. 그걸 본드로 붙여야 했는데 태커로 핀을 박는 것보다 더 어려웠다. 그래도 1시간 만에 화장실 몰딩도 끝낼 수 있었는데 이로써 화장실 천장과 벽과 바닥공사는 모두 완공되었다. 한여름 더위에 좁은 공간에서 가장 땀을 많이 흘리게 한 화장실 공사가 아니었던가. 기분 좋았고 감회가 새로웠다.

화장실 공사를 마치고 현관문 위 처마에 설치된 소핏 벤트 몇 장을 교체했다. 전에 설치할 때 소핏의 폭을 너무 짧게 잘라 끼워서 다소 헐렁거렸기 때문이다. 이번에는 여분으로 남아 있던 소핏의 폭을 넉넉하게 잘라 꼭 맞게 다시 끼워넣었다. 앞집 아들이 놀러와서 작업한 것들을 보고 감탄했다. 일부러 더 크게 감탄하고 칭찬해주는 것 같았는데 아무튼 고마웠다.

초코파이 몇 개로 점심을 때우고 창틀 마감 작업에 돌입했다. 창틀 마감 자재는 현장에서는 '스기'라고 부르는 일본 삼나무를 선택했다. 삼나무는 흔히 사우나 찜질방에서 볼 수 있는 목재로 수분에 강한 소재다. 나는 1×4인치 삼나무를 거실과 안방의 창문 크기에 맞게 잘라 끼우고 태커로 박아 고정했다. 코너는 몰딩과 마찬가지로 삼나무 끝을 45도씩 잘라 딱 붙도록 했다. 좋은 나무라서 그런지 향이 좋았다. 삼나무 아랫부분에는 각도 톱으로 얇게 썰어놓은 쐐기를 포개 넣어 창문과 높이를 맞췄다.

창틀 마감재로 구입한 1×4인치 삼나무는 폭이 4인치, 실제로 3.5인치였는데 비해 벽체는 2×6인치 목재를 사용해 벽체 두께는 6인치, 실제로 5.5인치다. 5.5인치 창틀에 105mm 두께의 창문 프레임이 들어갔기에 창틀 나머지 부분은 1×4인치 목재면 충분히 덮을 수 있다고 생각했다. 그런데 창문 프레임이 창틀에 다 얹힌 것은 아니었고 도배 마감을 위해서는 창틀 마감재를 약 1cm쯤 튀어 나오게 시공을 해야 했기에 삼나무 폭이 조금 작았다. 그래서 삼나무를 창문에 딱붙이지 못하고 조금 떠우고 시공해야 했다.

다소 아쉬움이 남았는데 이후에 자투리 삼나무를 잘라 넣어 빈틈을 채웠다. 이후 현관문 틀에도 삼나무를 잘라서 붙였는데 현관문과 창문을 목재로 마감하니 멋있고 은은한 나무 향기가 나서 좋았다.

이후 화장실과 거실 싱크대 창틀 마감 작업을 했다. 물이 닿는 곳이고 벽체가 타일로 마감된 곳이라 창틀도 타일로 마감하기로 했다. 먼저 창문 크기에 맞게 현장에서 '스텐'으로 불리는 스텐레스 스틸을 잘라 창틀에 맞게 끼우고 타일을 창틀 폭에 맞게 잘라 붙였다. 접착제는 타일을 벽에 붙이는데 사용한 타일용 본드를 사용했다. 길이를 재고 스텐과 타일을 자르는 데 시간이 오래 걸렸다. 먼저 부엌 창문을 마감하고 이후 화장실 창문 두 개를 마감했다. 마지막 화장실 창문 위쪽이 마음에 썩 들지는 않았지만 마감을 하니 오후 5시였다. 어느덧 하루가 다 가고 힘은 들었어도 오늘 계획했던 일은 모두 마쳤다.

〈일본 삼나무(스기) 목재 비용 : 48,000원〉
1×4×12(12,000원×4개)

벽체 위 몰딩과 아래 걸레받이를 시공함

화장실에는 플라스틱 몰딩을 본드로 붙임

거실 창틀과 안방 창틀은 1×4 목재로 마감함

벽지 마감을 위해 창틀은 조금 튀어나오게 시공

이 PD의 좌충우돌 4천만 원으로 11평 시골집 짓기

다소 헐렁하던 소핏 벤트를 다시 잘라 넣음

주방 창틀과 화장실 창틀은 타일로 마감함

모서리에는 깔끔하도록 스텐을 붙임

6. 자꾸 떠오르는 정화조! 어쩌란 말인가요

샌드위치 패널 보일러실 제작 및 보일러 연결

지난 주중에는 도배와 전기 공사를 했다. 내가 갈 수 없었기에 모두 현지 업체에 맡겼다. 월요일에 도배를 했고 목요일에 전기 공사를 마무리했다. 전기 업체 정 사장이 도배를 해놓아야 콘센트나 전등 마감이 깨끗하게 나온다고 해서 도배를 먼저 하도록 했다. 오늘 그 작업 상태를 확인하러 왔다. 그리고 보일러실도 샌드위치 패널로 만들고 보일러도 연결해 관련된 작업까지 마무리할 계획이다.

새벽 일찍 일어나 샤워기와 세탁기 수도꼭지 등을 챙겨서 고향 집으로 출발했다. 7시에 도착해 도배 상태를 살펴보니 깔끔하게 잘되었다. 도배 업체 사장이 전문가에게 맡겼다고 했는데 전문가 솜씨가 느껴졌다. 전기 공사도 전등과 콘센트, 스위치 등을 꼼꼼하게 잘 달아 놓았다. 모두 만족스러웠다. 도배와 전기가 마감되니 이제 집이 제모습을 갖춰가고 있다.

8시 30분쯤 보일러실을 짓기 위해 마을 분의 화물차를 타고 면소재지 내 샌드위치 패널 가게에 갔다. 나는 겨울에 보일러가 얼지 않도록 200mm짜리 두꺼운 패널로 벽과 지붕을 해달라고 했고 마을 분은 물량을 계산해서 샀다. 카드로 계산하면 부가세 10%를 더 내야 한다고 해서 은행 가서 돈을 찾아 현금으로 22만 원을 계산했다. 건축 현장에서는 이런 경우가 많았다. 집에 와서 보니 보일러실 문을 사 오지 않아 다시 가서 문과 창문을 14만 원 주고 사 왔다.

이후 마을 분은 엑셀 호스를 보일러에 연결하는 작업을 시작했다. 나도 옆에서 도왔고 부족한 부속품이 있어서 다시 읍내에 가서 사와야 했다. 방과 거실 바닥에 묻은 엑셀 호스 끝부분과 보일러를 연결하고 물을 돌리니 연결부위에서는 한 방울의 물도 새지 않았다. 이후 샌드위치 패널로 보일러실 만드는 작업을 했다. 벽체를 잘라 세우고 지붕을 덮는데 피스도 많이 박아야 했다. 작업은 생각보다 오래 걸렸다. 보일러실을 만들고 나면 화장실에 변기와 세면대, 샤워기 등도 수도관에 연결할 계획이었기에 속으로 마음이 급했다. 그래서 보일러실 만드는 작업을 최대한 도왔는데 오후 3시 지나 보일러실은 완공됐다.

마을 분과 나는 쉬지 않고 화장실 수도관 연결작업을 시작했다. 먼저 변기를 수도관과 정화조 배관에 연결했고, 세면대와 샤워기, 세탁기 수도꼭지도 수도관에 연결했다. 좁은 공간에 여기저기 놓여있던 도기 용기들이 제자리를 잡으니 화장실도 정리되는 것 같았다. 분주했던 작업을 모두 마치고 마을 분은 돌아갔다. 함께 해보니 참 일 잘하는 사람이라는 생각이 들었다. 다만 사업자등록증을 내고 정식으로 하는 게 아니라서 나중에 준공 신청할 때 별도 비용이 더 들었다.

보일러실을 만들면서 집 평수는 11평으로 늘어났다. 준공이 나고 건축물대장을 확인해보니 11평으로 나와 있었다. 목조 건축이건 샌드위치 패널이건 지붕과 벽이 있으면 건평에 포함된다. 처음에 6평 농막 규모를 생각하고 시작했는데 11평까지 늘었던 것이다. 아무튼 보일러실을 따로 만들어 석유 연소 가스로부터 안전한 집이 되었다. 작업을 마치고 세종에 오니 저녁 8시 40분이었다.

〈보일러실 작업 비용 : 610,000원〉
샌드위치 패널 200T(220,000원), 문 창호(140,000원), 인건비(250,000원)

〈도배 비용 : 480,000원〉
견적 51만 원이었는데 도배지가 덜 들어갔다며 할인해줌

도배를 해서 깨끗해진 안방 모습

도배를 해서 깨끗해진 거실 모습

보일러에 엑셀 호수를 연결함. 옆은 기름탱크

200mm 샌드위치 패널로 보일러실을 만듬

화장실 양변기를 설치함

세면대와 샤워기도 연결함

6. 자꾸 떠오르는 정화조! 어쩌란 말인가요

창틀 메지 넣기 및 현관 바닥 작업

—

    어제 보일러 시설을 완공했다고 하니 아내와 큰딸이 보고 싶다고 해서 함께 고향집에 왔다. 늦잠 자고 느지막이 출발해 11시쯤 도착했다. 아내와 큰딸은 벽에 도배된 것과 보일러실과 화장실을 보고 이제 곧 입주해도 되겠다며 함께 웃었다. 우리는 미진한 작업을 했다. 아내와 딸은 창문틀 타일에 묻은 접착제를 닦아내고 주방 벽 타일과 창문틀에 메지 넣는 작업을 했다. 나는 보일러실 지붕 둘레에 스텐 철판을 피스를 박아 마감작업을 했다. 마침 비가 오고 있어서 지붕을 마무리하니 좋았다.

    이후 현관 바닥 타일 작업을 시작했다. 먼저 문틀 양쪽 밑에 스텐을 잘라 모서리를 맞춰놓고 그 사이에 타일을 본드로 붙였다. 이어서 현관 바닥 옆 부분에 타일을 잘라 붙였다. 바닥은 백색시멘트와 압착시멘트를 반씩 섞어 만든 반죽으로 타일을 붙였다. 현관 바닥 타일은 40×40cm 규격으로 강도가 무척 강해서 타일 커터기로는 못 자르고 그라인더로 잘라야 했다. 강도가 워낙 강해 자르는 데 애를 먹었다. 참고로 타일 강도는 벽면 타일보다 화장실 바닥 타일이 강하고 현관 바닥 타일은 그보다 훨씬 더 강하다.

오후 3시쯤 작업을 마치고 나니 너무나 깨끗하고 보기에 좋았다. 아내와 딸도 창문틀에 메지 넣는 작업을 마쳤다. 아내는 나와 함께 화장실 변기 밑에 백시멘트 반죽을 넣어 굳히는 작업도 했다. 화장실도 깨끗했고 모든 게 보기 좋았다. 딸은 집에서 키우는 강아지를 업고 일했는데 아기 엄마 같아서 속으로 웃었다. 마침 앞집 아주머니가 손주를 등에 업고 놀러 와서 한참 동안 이야기하다 돌아갔다. 우리는 주변 청소를 하고 그동안 잘 사용한 타일 커터기도 마을 분 댁에 돌려주고 세종으로 출발해서 8시쯤 도착했다.

아내와 큰딸이 창틀 메지를 넣고 있는 모습

40×40cm 타일과 스텐으로 현관 바닥을 완성

이 PD의 좌충우돌 4천만 원으로 11평 시골집 짓기

장판 깔고 고향집에서 첫 밤

아침에 조금 늦게서야 고향집으로 출발했다. 9시쯤 시골에 도착해보니 인터넷으로 주문한 장판이 현관문 옆에 배달되어 있었다. 나는 먼저 집 안에 있던 장비 등을 집 밖으로 옮겼다. 그동안 방과 거실에 두었던 각도 톱과 농약분무기, 망치 등 장비 바구니, 예초기 등을 내놓았다. 그랬더니 방이 휑해졌다. 이후 바닥을 깨끗이 쓸고 현관문에 큰 선풍기를 빌려와 밖으로 틀어놓고 컴프레서를 연결해 에어건으로 먼지를 밖으로 날렸다. 바닥엔 먼지가 많이 쌓여 있었는데 강한 에어건으로 쏴서 내보내니 집안 바닥이 티끌 하나 없이 깨끗해졌다.

이후 장판을 크기에 맞게 잘라 방과 거실에 옮겨놓고 점심을 먹으러 다녀왔다. 밥 먹고 돌아와 본격적으로 장판 붙이는 작업을 시작했다. 장판을 바닥에 펼치고 끝부분을 접어 올린 뒤 바닥에 본드를 칠했다. 이후 커터칼로 크기에 맞게 장판을 잘라 바닥에 붙였다. 유튜브 영상에서는 작업자들이 쉽게 장판을 잘라 붙였는데 실제 해보니 똑바로 자르는 게 쉽지는 않았다. 나는 최대한 꼼꼼하게 작업을 했는데 그래도 몇 군데 칼로 장판을 잘못 잘라 아쉬운 곳도 있었다. 안방을 다 붙일 즈음에 전기 업체 정 사장이 왔다. 나는 전기 배선에 대한 설명을 듣고 그에게 공사비 181만 원을 주었다. 정 사장은 180만 원만 줘도 된다고 했는데 나는 밥도 한번 못 샀다고 하고 그냥 받으라 했다. 그는 내가 없을 때 작업을 했는데도 내가 주문했던 것보다도 더 훌륭하게 작업을 해주었다. 그렇게 기분좋게 헤어지고 장판 붙이는 작업을 계속했다.

안방에 이어 거실에도 장판을 깔고 가운데 포개진 부분은 무늬가 서로 겹치도록 해서 자르고 붙였는데 어디가 연결한 곳인지 언뜻 봐선 표시도 잘 안 났다. 마지막으로 장판과 걸레받이 사이를 실리콘으로 쏘고 마감했다. 작업 중에 앞집 우종문 씨 내외 분이 구경 와서는 "이제 기술자 다 됐네"하고 말씀하셔서 함께 웃었다. 내가 타일도 붙인 사람인데 하며 장판이야 못 깔겠냐고 큰소리쳤었는데 막상 해보니 쉬운 일은 아니었다. 그래도 비교적 잘한 것 같다. 덕분에 비용도 아꼈다.

작업을 마치고 면 소재지에 가서 도시락에 막걸리를 사 와 마시고 고향 집에서 첫 밤을 보냈다. 도배 장판이 깨끗해서 기분이 좋았다.

〈장판 구입 비용 : 290,880원〉
진양 에코드림 2.0t(262,280원), 본드 용착제(11,600원), 택배비(17,000원)

장판을 깔기 위해 장판지를 펼침

장판 가장자리 바닥에 본드를 바르고 붙임

장판을 잘라 깔고 실리콘으로 마감한 안방

가운데 연결 부위를 찾기 어려울 정도로 잘 붙임

6. 자꾸 떠오르는 정화조! 어쩌란 말인가요

〈집 지으며 들은 우리 속담들〉

직접 지은 고향 집에서 첫 밤을 보내니 감회가 새로웠다. 그리고 그동안 집을 지으면서 들었던 많은 말들이 생각났다. 그중엔 속담 같은 말들도 있었다. 내가 벽체 세우기를 시작하고 얼른 지붕 공사를 마쳐야 한다는 생각에 가장 힘들게 일에 매진하던 때에 기초공사를 도와주었던 건설업체 사장을 식당에서 만났을 때의 일이다. 그는 입술이 다 트고 새까맣고 초췌해진 내 얼굴을 보고는 '한번 짓지 두 번은 못 짓는다'는 말도 있다며 집 짓는 일은 모르고 덤벼드는 거지 알고는 함부로 시작 못한다면서 그만큼 힘든 일이라며 위로해주었다. 그리고 한여름 더위에 공사 진척은 잘 안 되고 먼길을 오가며 지쳐있을 때 목재상 여자 회장님은 나를 보고 '사람이 죽을 운에 집을 짓는다'고 한다며 죽을 만큼 힘든 일이지만 액땜한다 생각하라고 위로해주셨다. 또 집 짓는 걸 구경하러 오신 분이 집을 작게 짓는 걸 보고는 '집 좁은 건 살아도 마음 좁은 건 못 산다'고 말씀하시면서 작은 집이 살기는 더 편하다고 말씀하셨다.

다들 고마운 말씀 들이었다. 그런 말에 위로받고 힘을 얻어 그 힘든 과정을 견뎌올 수 있었던 것 같다. 고통과 어려움은 시간이 지나면 다 잊히고 그리움과 추억으로 남는 것 같다. 그 힘들었던 때가 즐거운 기억으로 남아 있으니 말이다. 그래서 '한번 짓지 두 번은 못 짓는다'는 말은 틀린 말인 것 같다. '한번 지어봤는데 두 번은 왜 못 짓겠는가!'

정화조 3번째 다시 묻기

—

아침에 자고 나오니 동네 사람들이 거기서 잤냐고 물었다. 나는 지나가시던 분들을 집에 들어오라고 하고 방 구경을 시켜주었다. 그리고 장판 자투리 남은 걸 동네 분들에게 나눠드렸다. 앞집에서 아침을 얻어먹고 있는데 건설업체 김 사장이 포클레인과 함께 왔다. 오늘 정화조를 3번째 다시 묻는 거라 다들 무거운 분위기 속에서 말 없이 조심스러웠다. 나는 어제 저녁에 정화조 자리에 막걸리를 뿌리기도 했다.

묻혀있던 정화조를 파내고 새 정화조를 다시 묻고 배관을 다시 연결했다. 흙을 다시 덮고 정화조 작업을 마쳤다. 이후 집 뒤꼍 U관 아랫부분 5장을 다시 들어내고 바닥의 돌을 깨 더 깊게 파내고 U관을 다시 묻는 작업을 했다. 마지막 U관이 높아서 가운데 물이 잘 빠지지 않았기 때문이다. 나는 바나나와 음료수 등 간식을 사다 주며 작업하는 것을 지켜보았다.

점심 전에 작업을 모두 마치고 함께 식당에 가서 점심을 먹고 비용 정산에 대해 논의했는데, 그들은 나에게 포클레인 반일치 비용과 정화조 구입비를 내달라고 했다. 나는 몹시 불만스러웠다. 하자 보수를 하러 와서 비용을 달라는 게 말이 되는가 말이다. 그렇지만 그렇게 해주었다. 집 안 공사를 해준 사람들에게 야박하게 하고 싶지는 않았기 때문이다. 어쨌든 이제 돈 들어가는 고향집 건설공사는 모두 끝났다. 고향 집에 와서 정리하고 2시쯤 세종으로 출발했다.

〈정화조 설치 비용 : 580,000원〉
공2 포클레인 반일분(350,000원), 정화조 구입비(230,000원)

정화조를 3번째 다시 묻고 있는 모습

아랫부분 U관을 들어내고 바닥을 더 깊이 파냄

이 PD의 좌충우돌 4천만 원으로 11평 시골집 짓기

싱크대 설치 및 정화조 위 콘크리트 타설

고향집엔 어제 와서 종일 멍때렸다. 고향집에서 일 안 해도 된다는 게 익숙하지 않았다. 좀 이상하기도 했지만 손하나 까딱하기 싫었다. 종일 놀다 저녁에 술 먹고 새벽에 일찍 깼다. 오늘은 정화조 위를 콘크리트로 포장하기로 했다. 정화조 때문에 더는 고생하고 싶지 않아서다. 레미콘 업체가 주말에는 쉬기 때문에 월요일로 날을 잡았다.

오전에 레미콘을 받기로 했는데 거푸집을 만들어 놓지 못한 걱정에 어둑할 때 나와 마당에 불을 켜놓고 시멘트 사이딩 남은 것과 고춧대로 레미콘 받을 곳에 거푸집을 만들었다. 9시가 되자 레미콘 회사에서 출발해도 되는지 확인 전화를 했고 곧 레미콘 4 루베가 당도했다. 레미콘 차가 정화조 위로 콘크리트 반죽을 쏟아내기 시작했다. 나는 어제 종합건재상에서 사 온 농기구인 알루미늄 레기로 콘크리트를 힘껏 당겨 골고루 펴주는 작업을 했다. 대략 콘크리트를 약 15cm 두께로 10×4m 포장을 한 것 같다. 혼자 작업했는데 양이 많아서 조금 힘들었다.

한창 작업하고 있는데 대전에서 싱크대를 설치하러 왔다. 나는 콘크리트 반죽을 골고루 펴주는 작업을 하고 있어서 싱크대 설치는 돌아볼 틈이 없었다. 그런데 싱크대를 설치하던 분이 수도 연결하는 중간 밸브가 있어야 한다며 사달라고 했다. 한창 바쁜데 약간 짜증이 났지만 할 수 없이 면 소재지 종합건재상에 가서 사다 주었다. 싱크대 설치하는 사람들이 연결 밸브도 없이 다닌단 말인가.

이후 콘크리트 위를 흙손으로 문질러 미장 작업을 했다. 싱크대는 잘 설치되었다. 나도 콘크리트 미장 작업을 마치고 싱크대 설치기사 두 사람과 함께 식당에 가서 맛있게 점심을 먹었다. 싱크대 설치 기사들은 돌아가고 나도 고향 집에 와서 뒷 정리를 하고 세종으로 출발했다.

〈싱크대 비용 : 1,250,000원〉 2420×850×700

〈레미콘 비용 : 444,000원〉 레미콘 4루베

시멘트 사이딩으로 정화조를 덮을 거푸집을 세움

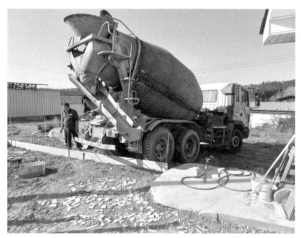

레미콘에서 콘크리트를 쏟음. 타일 조각 등이 보임

6. 자꾸 떠오르는 정화조! 어쩌란 말인가요

정화조 위를 콘크리트로 포장함

거실에 싱크대를 설치함

이 PD의 좌충우돌 4천만 원으로 11평 시골집 짓기

236

7

꿈이 현실로 –
이제 행복할 일만 남았습니다

형제들 첫 집들이

—

　아침에 아내가 잠에서 잘 깨지를 못해 조금 늦은 8시쯤 고향으로 출발했다. 9시 40분쯤 시골에 도착했는데 잠시 후 작은누나네, 큰누나네가 순서대로 도착했다. 다들 고향 집터에 지어진 예쁜 집을 보고 너무 좋아하셨다. 나는 도착해서 바로 식탁 테이블을 설치해 앉으실 수 있도록 했다. 그리고 지난주 타설했던 마당 콘크리트 거푸집을 뜯어냈다. 식구들이 다 모였을 때 서예 하는 큰매형이 써 오신 맹자의 대장부에 나오는 독행기도(獨行其道) 액자를 거실에 걸었는데 너무 근사하고 좋았다. 그 밑에서 사진도 찍고 다들 즐거워하셨다.

　큰누나와 작은누나는 마침 오늘 시제를 오신 집안 어른들께 인사를 다녀왔다. 이곳에서 초등학교 5학년까지 다녔던 두 분은 나보다 훨씬 더 고향에 대한 추억이 많았다. 그래서 더 즐거워하신 것 같다. 점심은 중국집에 가서 몇 가지 요리와 자장면을 사 먹었다. 점심 먹고 돌아오니 여동생 부부도 도착해 있었다. 형제 식구들이 고향 집에 모이니 다들 즐겁고 행복한 시간이 되었다. 나는 집 짓는 과정을 과장해서 자랑했고 웃고 떠들었다. 이후

다 같이 뒷산인 꼴두산을 등산했다. 어릴 때 비해서 산에 나무가 많이 자랐고 다니는 사람도 없어서 길을 헤치고 올라가야 했다. 그래서 쉽지 않았지만 다 같이 315m 정상을 밟았다. 오르고 내리는 과정에 어려서 놀던 마당 방구에도 올라가 시원하게 펼쳐진 넓은 조망을 구경했다.

60년대 말에 상경하신 부모님이 뜻밖에 일찍 돌아가시는 바람에 우리 형제들은 어려서부터 어려움 속에 살아야 했다. 그런 고생 속에서도 모두 꿋꿋이 살았고 다들 대학을 나와 행복한 가정을 이루었다. 누나들은 생계를 떠맡았고 내 학비도 내주셨다. 나는 작은 보은의 뜻으로 이제 고향 집을 편히 이용하시라고 했다. 그러려고 그 여름 더위 속에서도 쉬지 않고 집을 지은 것 아니겠는가. 앞으로 고향 집에 우리 가족과 형제들의 맑은 웃음소리는 끊이지 않을 것이고 아름다운 추억과 행복은 쌓일 것이다.

마당방구 위에 4형제 부부 기념촬영

뒷산인 꼴두산 정상에서 경치를 바라보는 모습

이 PD의 좌충우돌 4천만 원으로 11평 시골집 짓기

사용승인(준공) 완료

—

집이 완공되어 가면서 나는 준공서류를 준비했다. 준공에 필요한 서류는 건축사가 계약할 때 알려주었다. 몇 달 만에 건축사에게 전화해서 준공을 신청하겠다고 하니 전에 알려주었던 구비 서류 외에 절수설비 확인서가 필요하다고 했다. 그래서 나는 정화조를 납품한 고향 건재상과 단열재를 납품한 대전 목재상, 양변기 등을 납품한 타일 가게에 준공 서류를 요청드렸다. 다들 대략 1주일 안에 서류를 보내주셨다. 주방에는 인덕션을 사용할 거라서 가스 안전검사 필증은 필요 없었다. 소화기와 감지기도 인터넷으로 구입했다. 소화기는 현관 옆에 두었고 감지기는 안방과 거실, 화장실 천장에 하나씩 달았다. 감지기는 연기를 감지해 경보를 울리는 장치로 내장 배터리 수명이 10년이나 된다고 했다.

문제는 보일러를 동네 분이 시공해주셔서 난방 설치 확인서에 첨부되는 사업자등록증을 구할 수 없었다. 보일러는 안전시설이기에 전문업체를 통한 시공은 권장할 일이고 바람직한 일이라고 이해는 한다. 하지만 동네 분은 오랜 건축 경험으로 누구보다 전문가이고, 또 현지 업체들은 턱없이 비싸게만 부르고 있는 상황에 사업자등록증 첨부가 꼭 필요한 것인가 의문이 들기도 했다. 우여곡절 끝에 사업자등록증을 가진 난방설치업체에 15만 원의 수수료를 내고 현장을 확인케 한 뒤 난방 설치 확인서도 구비할 수 있었다.

나는 위에서 열거한 준공 서류의 PDF 파일과 사진(정화조 묻는 사진, 정화조 위 콘크리트 사진, 소화기와 감지기 사진 등)을 일주일 전에 건축사에게 이메일로 보내주었다. 건축사는 그걸 받아 군청에 준공을 신청했고 관계 공무원의 현장 확인 방문 후 일주일 뒤쯤 준공이 날 거라고 했다.

가슴 설렜다. 그리고 드디어 오늘 11월 9일 오후 2시쯤 고향집 건축물 사용승인 민원이 완료되었다는 문자를 받았다. 발신지가 서울 전화라서 처음에는 보이스피싱 아닌가 하고 확인해보니 사용승인의 허가권자는 의성군청이지만, 문자 통보는 건축행정시스템 세움터에서 보내온 것이었다. 이제 의성군청에 고향집 건축물대장이 생겼고 사용해도 된다는 것이다. 이 소식을 가족들에게 보내주니 다들 축하해주었다. 시골에 집 짓는 일이 공식적으로 완성된 것이라 뜻깊었다.

〈난방설치업체 비용 : 150,000원〉

〈소화기, 감지기 구입 비용: 50,500원〉
소화기 3.3kg(15,500원), 소화기 받침대(2,000원), 감지기(10,000원×3), 택배비(3,000원)

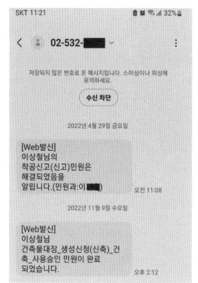

핸드폰으로 받은 건축물 사용승인 문자

준공 신청할 때 필요한 소화기 비치

준공 신청할 때 필요한 감지기 설치

7. 꿈이 현실로 – 이제 행복할 일만 남았습니다

오후에 대구지법 의성군 지원에서 고향집 등기필증이 등기로 왔다. 이로써 고향집 건축의 모든 작업이 마무리되었다.

우리나라 부동산 물권은 등기를 해야 권리가 발생한다. 국가에서 소유권을 인정해주는 것이다. 나는 지난주 12월 1일 목요일에 의성군청과 의성군 법원지원 등기소에 가서 등기를 신청했었다. 건축사는 세종시에서 오기 힘들 테니 법무사 통해서 신청하라고 했지만 나는 직접 하기로 했다. 법무사 비용도 비용이지만 고향집 짓기의 마무리도 내가 직접하고 싶었다.

오후 1시쯤 의성군청에 가서 건축물 대장을 떼고 취득세 고지서를 발급받아 은행에 가서 취득세를 냈다. 건축물 대장과 취득세 납부 영수증을 가지고 의성군 법원지원 등기소에 가서 보존등기를 신청했는데 등기소 직원이 도로명 주소가 2개로 되어 있는 것을 발견했다. 사용승인이 나면 도로명 주소가 부여되는데 도로명 주소가 2개일 리가 없다. 등기소 직원이 군청에 전화해 잘못된 도로명 주소 하나를 삭제하도록 조치해주었다. 나는 다시 군청에 가서 건축물 대장을 새로 떼서 등기소에 와야 했다. 번거로웠지만 등기소의 똑똑한 직원 덕분에 도로명 주소가 깔끔하게 정리된 건축물 대장을 가질 수 있게 되었다. 등기 신청하러 직접 가기를 잘 했다는 생각이 들었다. 바로 세종집에 오니 오후 4시가 지나 있었다.

〈취득세 : 432,550원〉

〈보존등기 신청 수수료 : 20,000원〉
등기시 필요서류(건축물대장등본, 주민등록초본, 취득세 영수필확인서, 등기신청 수수료액표, 신분증, 도장)

겨울 한낮의 고향집 풍경

가을이 깊어가는 고향집 뒷모습

〈집짓기라는 마라톤 – 체력에 관하여〉

내가 한여름 몇 달 동안 집을 짓고 있다고 하니 주위에서 몸은 괜찮냐고, 체력이 굉장히 좋은가 보다고 하는 말을 많이 들었다. 내가 특별히 체력이 좋은 것은 아니지만 40대 중반부터 마라톤을 했었다. 부모님께서 40대 초중반에 돌아가셔서 40대 때 건강에 대한 부담감을 가지고 있었던 것 같다. 그래서 마라톤이란 스포츠를 하게 되었고, 한때는 열심히 뛰어서 42.195km 풀코스 최고기록 3시간 50분 12초를 가지고 있다. 하지만 그것도 10년 전의 일이다. 마라톤 할 때 비해 체중도 많이 불었다. 물론 요즘도 몸이 찌뿌듯할 때

마라톤 결승점인 잠실종합운동장 앞을 뛰는 모습

10km 정도 조깅은 하고 있지만 말이다. 이번에도 주말에 집 지으면서 몸이 너무 고단할 때, 주중에 달리기를 했다. 그러면 몸이 어느 정도 풀리곤 했다. 마라톤을 했던 게 지구력을 키웠다는 점에서 도움이 된 것 같다.

흔히 인생을 마라톤에 비유한다. 이번에 경험해보니 집 짓기야말로 마라톤이다. 마라톤 중에서도 가장 험난한 코스의 마라톤인 것 같다. 오르막 내리막이 있고, 가장 힘들다는 마의 35km대에 접어들었을 때 그것을 버텨야 하고, 그 고비를 넘으면 러너스 하이라는 황홀감을 맛본다는 점에서 집 짓기는 마라톤이다. 하지만 고독한 레이스와는 달리 집 짓기는 혼자서 할 수 있는 마라톤은 아닌 것 같다. 혼자 할 수 없는 일이 있고, 너무 힘들 때 다른 사람들로부터 도움을 받아야 한다는 점에서 집을 짓는다는 것은 결코 외로운 과정만은 아니었다. 마라톤 2~3번 뛴 것만큼 힘들었던 이번 집 짓기도 완주를 하고 나니 너무 행복하고 뿌듯하다. 집 짓는 동안 도와주신 모든 분께 진심으로 감사드린다.

〈자투리 나무 활용법 - 정자나 지어볼까〉

목조아카데미에서 배울 때 자재 견적은 항상 10% 넉넉하게 하라고 했다. 잘못 자르고 버리는 경우도 있으니 보통 집을 짓고 나면 10% 정도 자투리 목재가 남아야 정상이라는 것이다. 잘하는 목수들이 한 5% 남긴다고 했다. 그렇다면 이번에 고향집을 지으면서 얼마 정도의 목재가 남았을까? 나는 아주아주 잘하는 목수인가 보다. 목재가 거의 남지 않았다. 나는 수시로 목재 잔량을 체크했는데 목재가 어느 정도 남을 것이 예상되어 그걸로 정자를 지어야 겠다는 생각을 했다. 집을 짓고자 견적을 뽑은 자재 중에서 정자 지을 목재를 추려야 했기 때문에 오히려 목재가 부족해서 목수아카데미에서 자투리 나무를 얻어 오기도 했다.

아무튼 목재가 남아도 걱정할 필요가 없다. 남은 자재로 할 수 있는 게 너무 많기 때문이다. 나는 이번에 자두나무 과수원에 멋진 정자를 지었고, 현관문 앞에 나무 계단도 만들었으며, 전자레인지를 올려 놓을 거실장도 만들었다. 동네 아주머니들은 주방 거실장을 부러워하며 산 것보다 더 낫다고 하셨다. 물론 아내도 그걸 가장 좋아했다.

각파이프, C형강을 용접해 만든 정자의 골조　　　자투리 목재와 방수시트를 이용해 만든 정자

자투리 목재로 만든 현관문 앞 계단　　　　　　　계단 옆모습

자투리 목재로 만든 주방 거실장

7. 꿈이 현실로 – 이제 행복할 일만 남았습니다

〈집 이름 짓기 – 기도재(其道齋)에 담긴 뜻〉

살면서 힘든 때가 많아서 그랬던 것일까. 어떻게 살아야 하나에 관한 생각이 많았던 것 같다. 특히 잘나가지 못하던 때, 내가 뒤처져있다고 느꼈을 때 어떻게 살아야 할까. 우리는 잘 되고 부자 되고 성공하라고 배우며 자랐다. 그런데 성공하는 사람이 과연 열에 몇이나 되겠는가. 그리고 성공한 사람이라 할지라도 인생의 침체기나 슬럼프가 어찌 없겠는가. 그럴 때, 못 되고 가난하고 실패했다고 생각될 때는 어떻게 살아야 하나. 그런 고민에 답을 얻고 위로받았던 글이 약 2500년 전의 맹자 말씀이었다. "득지, 여민유지(得志, 與民由之) 부득지, 독행기도(不得志, 獨行其道)". '뜻을 얻으면 백성과 함께 그 뜻을 펼치고, 뜻을 얻지 못한다면 홀로 그 도를 행하라'라는 뜻으로 해석했다. 성공 못 해도 기죽지 말고 당당하게 홀로 그 길을 가라는 것이다. 물론 기도(其道), 그 길에 대한 설명은 앞뒤 문장에 나와 있다. 내가 처져있을 때 크게 위로받고 감동했다. 삶이란 잘되고 못되고, 성공하고 실패하고는 중요한 것이 아니라 올바른 삶을 사는가가 훨씬 더 중요한 것이다. 그런 말을 나 자신에게 또 고향집을 이용하는 후손들에게 해주고 싶었다. 그래서 집 이름을 기도재로 하려고 한다니까, 아내와 아이들은 처음에는 기도원 같다고 반대했었다. 물론 그 뜻을 이해하고는 좋아하게 되었지만 말이다.

내친김에 현판을 하나 갖고 싶었다. 마침 큰매형과 누나가 대학 서예반에서 만나 결혼하셨다. 큰매형은 지금도 대학 서예반의 고문으로 활동하고 계셔서 집 이름에 대해 의견을 말씀드리니 매형도 처음에는 현판 글자 중에 동사가 없다고 의아해하셨다. '기도재(其道齋)' 현판만으로는 그게 무슨 뜻인지 알기 어렵다는 것이다. 물론 매형도 처음에는 그렇게 말씀하셨지만 내 설명을 듣고 나중에는 그걸로 하자고 말씀하셨다. 큰매형은 집안에 맹자 글을 써놓은 액자를 걸어두고 출처를 명확히 밝히면 현판의 뜻을 알 수 있을 거라며 너무도 멋진 현판과 액자를 써 주셨다. 두고두고 우리 집의 보물이 될 것 같다. 앞으로 우리 가족 나의 후손들은 이 집에 올 때마다 자신이 잘살고 있는가를 한 번쯤 되돌아보기를 바란다. 성공 여부는 둘째 문제다. 먼저 잘살도록 하자.

맹자의 대장부(大丈夫)

맹자 등문공(冕文公) 하(下) 제2장

居天下之廣居(거천하지광거)　　　천하에서 가장 넓은 곳에 살고
立天下之正位(입천하지정위)　　　천하에서 가장 바른 곳에 서고
行天下之大道(행천하지대도)　　　천하의 대도를 실천하면서 살아라

　　　　　　　　　　　　　　(그렇게 살다가)
得志, 與民由之(득지, 여민유지)　　뜻을 얻으면, 백성과 함께 뜻을 펼치고
不得志, 獨行其道(부득지, 독행기도)　뜻한 바를 못 얻어도,
　　　　　　　　　　　　　　홀로 당당하게 그 도를 실천하며 살아라

　　　　　　　　　　　　　　(그렇게 사는 사람은)
富貴不能淫(부귀불능음)　　　　　부귀해졌다고 음탕해지지 않고
貧賤不能移(빈천불능이)　　　　　가난해도 가볍게 팔려다니지 않으며
威武不能屈(위무불능굴)　　　　　어떤 위세와 무력 앞에도 굴하지 않는다
此之謂大丈夫(차지위대장부)　　　나는 이런 사람을 대장부라 한다

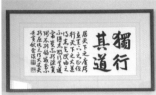

나중에 장인 장모께서 집에 방문하셨는데 서예를 취미로 하시는 84세 장모님께서는 면앙정 송순의 시를 써서 액자에 담아주셨다. 작은 집이지만 문화적 품격을 한껏 올려주셨다.

십년(十年)을 경영(經營)하여 초려(草廬) 삼간(三間)
지어내니 나 한 간(間) 달 한 간(間)에 청풍 한 간(間)
맛져두고(맡겨두고) 강산은 들일 데 없으니
둘러 두고 보리라
– 면앙정 송순 시